西安石油大学优秀学术著作出版基金资助

裂缝孔隙型碳酸盐岩油藏注水开发特征与技术政策

王铭显　赵　伦　赵文琪　著

U0254615

中国石化出版社

图书在版编目（CIP）数据

裂缝孔隙型碳酸盐岩油藏注水开发特征与技术政策/王铭显，
赵伦，赵文琪著. —北京：中国石化出版社，2021.6
ISBN 978-7-5114-6306-7

Ⅰ.①裂⋯ Ⅱ.①王⋯②赵⋯③赵⋯ Ⅲ.①碳酸盐-岩油
气藏注水（油气田）-油田开发-研究 Ⅳ.①TE344

中国版本图书馆 CIP 数据核字（2021）第 094891 号

中国石化出版社出版发行
地址：北京市东城区安定门外大街 58 号
邮编：100011　电话：(010)57512500
发行部电话：(010)57512575
http://www.sinopec-press.com
E-mail:press@sinopec.com
北京柏力行彩印有限公司印刷
全国各地新华书店经销
*
787×1092 毫米 16 开本 12.5 印张 284 千字
2021 年 8 月第 1 版　2021 年 8 月第 1 次印刷
定价：68.00 元

前　言

随着国内油气供需矛盾的日益紧张，中国石油制定了"走出去"开发和有效利用国外资源的战略方针，在中亚、中东、非洲、美洲和亚太等地区相继开展了数十个合作开发油气项目，全面实施全球油气开发战略。在众多的合作开发项目中，裂缝孔隙型碳酸盐岩储层是特别常见的储层类型，但国内尚未发现类似的油气储层，无现成经验可供借鉴，使得合作开发面临诸多未知挑战和风险。

滨里海盆地是哈萨克斯坦重要的石油与天然气生产基地，在中亚地区乃至世界油气领域具有举足轻重的地位。中国石油在该盆地深耕多年，勘探发现了多个大型裂缝孔隙型碳酸盐岩油气田，成为中国石油在中亚地区的重要油气来源，NT油田便是其中的主力油田之一。注水开发已成为NT油田的主要开发方式，但其注水开发过程中展现出诸多异于常规砂岩油藏的特征，比如水窜和气窜，有待深入研究其相关特征，为油田后续的开发调整提供建议，也为类似油田的开发指明方向。本书以该油田为切入点，论述了裂缝孔隙型碳酸盐岩油藏的注水开发特征，探索出一套适应于裂缝孔隙型碳酸盐岩油藏的注水开发方法。

NT油田属于典型的裂缝孔隙型碳酸盐岩油藏。该油田目前地层压力保持水平低，产能递减快。衰竭式开发时其地层压力持续下降易加剧气窜，而注水恢复地层压力时易发生水窜，开发矛盾十分突出。地层压力恢复水平并非越高越好，笔者据此提出低压力保持水平下裂缝孔隙型碳酸盐岩油藏注水开发方法，来解决这类油藏注水开发时所面临的矛盾。目前关于低压力保持水平下裂缝孔隙型油藏注水开发的相关理论研究尚且不足，因此，本书以NT油田为例，在分析储层裂缝发育特征、油井生产特征的基础上，开展低压力保持水平下裂缝孔隙型碳酸盐岩储层的流体相态特征、渗流物理特征、应力敏感特征和油井产能评价等研究，探讨低压力保持水平下裂缝孔隙型碳酸盐岩油藏的注水恢复压力技术政策和综合治理方法。

本书共分为 10 章。第 1 章为绪论，第 2 章为 NT 油田地质概况，第 3 章为储层裂缝发育特征，第 4 章为注水开发现状与开发新思路，以上均由王铭显执笔；第 5 章为油藏流体相态特征，由赵文琪和赵伦执笔；第 6 章为油藏渗流物理特征，第 7 章为裂缝孔隙型油藏应力敏感评价及对渗流规律的影响，第 8 章为裂缝孔隙型碳酸盐岩油藏油井产能评价模型及应用，第 9 章为低压力保持水平下注水恢复压力技术政策，第 10 章为 NT 油田注水综合治理方法，以上均由王铭显执笔。全书由王铭显统稿完成。

衷心感谢中国石油勘探开发研究院范子菲教授级高级工程师对本书的编写给予的指导与帮助，同时感谢中国石油勘探开发研究院中亚俄罗斯研究所阿克纠宾项目组有关专家的支持与帮助，还需感谢中国石油勘探开发研究院杭州地质研究院李伟强博士、北京大学李长海硕士在本书统稿和编排过程中给予的中肯建议。本书的顺利出版还得益于"西安石油大学优秀学术著作出版基金"和国家科技重大专项课题（编号：2017ZX05030 - 002）的资助，在此，向一直以来帮助本书出版的西安石油大学科技处和地球科学与工程学院有关领导、教授表示感谢。

由于笔者水平有限，书中不正之处在所难免，敬请各位同行、专家批评指正！

目　　录

1 绪 论

随着国内油气供需矛盾的日益紧张，中国石油制定了"走出去"开发和有效利用国外资源的战略方针，在中亚、中东、非洲、美洲和亚太等地区相继开展了数十个合作开发油气项目，全面实施全球油气开发战略。在众多的合作开发项目中，裂缝孔隙型碳酸盐岩储层是特别常见的储层类型。如何根据油藏具体地质特征和生产特征制定合理的开发技术政策和编制开发方案，是合作开发工作的重要课题。国内尚未发现类似的裂缝孔隙型碳酸盐岩储层，无现成经验可供借鉴，使得合作开发过程中面临诸多未知挑战和风险。

哈萨克斯坦共和国紧邻中国，已经建成的中哈原油管道、中亚天然气管道等西线能源通道是中国能源安全的重要保障。滨里海盆地是哈萨克斯坦重要的石油与天然气生产基地，在中亚地区乃至世界油气领域具有举足轻重的地位。中国石油在该盆地深耕多年，勘探发现了多个大型裂缝孔隙型碳酸盐岩油气田，成为中国石油在中亚地区的重要油气来源。北特鲁瓦油田、让纳若尔油田和肯基亚克盐下油田是中国石油在该地区的主力油田，均属于典型的裂缝孔隙型碳酸盐岩油藏。目前三大油田的地层能量亏空均较为严重，地层压力保持水平很低，产能递减形势严峻。注水开发已成为该类油田的主要开发方式，但其注水开发过程中展现出诸多异于常规砂岩油藏的特征，比如水窜和气窜，注水效果不尽理想。针对裂缝孔隙型碳酸盐岩油藏地层压力保持水平低、注水开发效果差的现状，本书以NT油田为切入点，论述了裂缝孔隙型碳酸盐岩油藏的注水开发特征，试图探索出一套适用于裂缝孔隙型碳酸盐岩油藏的注水开发方法，为油田后续的开发调整提供建议，也为类似油田的开发指明方向。

NT油田位于滨里海盆地东缘，于2012年6月正式投入开发，2013年4月开始实施注水，目前采出程度仅有6.5%。油田开发矛盾突出，衰竭式开发时地层压力持续下降易加剧气窜，而注水恢复地层压力时易发生水窜。当地层压力下降到一定水平后，开始注水恢复地层压力时，原油的溶解气油比并不会增加。因此，如果将地层压力恢复至合理的低水平并保持住，就既能控制水窜，又能控制气窜。地层压力恢复水平并非越高越好，笔者据此提出低压力保持水平下裂缝孔隙型碳酸盐岩油藏注水开发方法。该方法可有效解决NT油田注水开发时所面临的矛盾，对低压力保持水平下裂缝孔隙型碳酸盐岩油藏的地层能量恢复和注水开发效果的改善具有参考意义。目前关于低压力保持水平下裂缝孔隙型油藏注水开发的相关理论研究尚且不足，为此，围绕低压力保持水平下碳酸盐岩油藏注水开发特征和注水恢复压力技术政策两大问题，依托国家科技重大专项子课题"带凝析气顶裂缝孔隙型碳酸盐岩油藏注水注气开发调整技术研究与应用"（编号：2017ZX05030 - 002），本书以 NT 油田为例，在分析油田裂缝发育特征、油井生产特征的基础上，开展低压力保持水平下裂缝孔隙型碳酸盐岩储层的流体相态特征、渗流物理特征、应力敏感特征和油井产能评价等研究，探讨低压力保持水平下裂缝孔隙型碳酸盐岩油藏的注水恢复压力技术政策和综合治理方法。

1.1　裂缝孔隙型碳酸盐岩油藏注水开发研究现状

碳酸盐岩储层具有与砂岩储层完全不同的储渗结构。大量研究表明，碳酸盐岩油藏发育多种储集空间类型，包括孔隙型、裂缝型、裂缝孔隙型、孔洞型和孔洞缝复合型等。NT油田多发育裂缝孔隙型储层，因此这里重点追溯裂缝孔隙型储层的注水开发特征和注水技术政策方面的研究现状。目前国内外关于裂缝孔隙型碳酸盐岩油藏的注水开发特征与注水技术政策方面的研究已取得较多成果，但是多集中在常规地层压力注水开发方面，而关于低地层压力保持水平下碳酸盐岩油藏注水开发的相关研究极少。

1.1.1　裂缝孔隙型油藏注水驱替特征研究现状

目前国内外关于碳酸盐岩油藏注水驱替特征的研究主要有两个方向：一是利用实验方法研究注水驱油机理，二是利用经典渗流理论研究油水两相渗流规律。前者侧重于宏观定性研究，后者侧重于微观定量研究。

裂缝的存在使裂缝孔隙型油藏的注水驱油机理与常规砂岩油藏明显不同。1952 年，Bornwseombe 和 Dyes 最先提出，在毛管力的作用下，油水过渡带中的水可以通过渗吸作用进入岩块，将原油驱替出来。毛管力作为裂缝孔隙型油藏的一种驱油动力开始被学者们重视。总体上，裂缝孔隙型油藏注水开发过程中的主要驱油动力是注水压力梯度、毛管力和重力。对于裂缝系统和基质系统，这三种驱油动力所发挥的作用是不同的。1983 年，中国石油华北油田的研究人员采用室内实验模拟冀中碳酸盐岩油藏注水采油实验，研究表明裂缝系统中主要依靠注水压力梯度驱油，基质系统中主要依靠毛管力作用使裂缝中的水进入基质岩块渗吸排油。在裂缝系统处于主导地位时，主要是利用毛管力渗吸作用排油。2003年，中国科学院渗流流体力学研究所先后设计静态和动态渗吸实验模拟渗吸现象，静态实验表明裂缝越发育，裂缝与基质的接触面积越大，基质与裂缝间的渗吸排油作用越强，渗吸采收率越高；动态实验表明水驱初期以驱替作用为主，水驱中期驱替和渗吸同时发挥作用，水驱后期渗吸作用增大。

注水驱油过程中，裂缝的存在利于原油的流出，但也会加剧注水的突进。对于裂缝性油藏，注入水极易沿裂缝发生水窜，导致裂缝方向上的生产井发生暴性水淹而关井。裂缝水窜和暴性水淹是裂缝性油藏注水开发的重要生产特征。碳酸盐岩油藏的储集空间多样，裂缝发育，加上溶蚀作用形成非常复杂的孔隙连通系统，使油藏的流体流动规律更难以把握。让纳若尔油田和塔河油田等裂缝孔隙型碳酸盐岩油藏的开发过程中，均暴露出严重的水窜和水淹。

油藏注水开发过程中会出现油水两相流或油气水三相流，研究裂缝孔隙型油藏中注水驱油渗流规律的实质是研究双重介质油藏的两相流或三相流问题，国内研究热点多集中于此。其中，关于双重介质渗吸作用的数学描述是一个关键问题。1959—1963 年，Graham 等利用毛管束模型研究毛管渗吸和驱替，将达西定律应用于毛管渗吸。1966 年，Higgins 和 Leighton 首次使用流管方法来模拟多孔介质中的油水两相流动，实现流线模拟在研究多相渗流问题上的突破。1976 年，Kazemi 采用与基质和裂缝间压差相关的交换函数建立起一个二维水驱油模型，该模型的有效性在 1979 年被裂缝性岩心的渗吸实验证明。1983 年，Thomas 等利用双孔介质模型和交换函数建立起一种全隐式的三维三相模型，该模型被国内外学者广泛地使用。国内对裂缝孔隙型油藏注水驱油规律的研究起步较晚。1980 年，陈钟祥等研究认为裂缝系统中油水前沿饱和度的推进速度和位置与渗吸作用的强弱无关，并将亲水双重介质储层的水驱油过程分为发轫、旺吸和平息三个阶段。1982 年，桓冠仁采用数值模拟方法对岩块驱油效率的主要因素和裂缝系统中准活塞式驱动的分布范围进行研究。依托 Thomas 三维三相模型，国内学者建立起多种应用模型，包括王瑞河建立的双重介质拟组分模型和尹定建立的全隐式裂缝性三维三相裂缝模型等。2011 年，杨胜来等研究认为基质动用程度取决于裂缝发育程度，裂缝发育程度越高，渗吸排油作用越强，基质贡献率就越高。

总体而言，国内在双重介质油藏驱油机理和渗吸机理方面的室内实验研究是比较有特色的，国外在建立双重介质的数学模型方面领先于国内，国内的很多模型都是对国外模型的改进和扩展，但是这些模型共同推动了与双重介质油藏相关的现代试井理论的发展以及数值模拟软件的研发。

1.1.2 裂缝性油藏应力敏感特征研究现状

地层压力变化导致储层物性发生改变的现象称为储层应力敏感性。对于 NT 油田这种裂缝孔隙型碳酸盐岩油藏，特别是在低压力保持水平下开采时，裂缝可能发生闭合，应力敏感性的影响不容忽视。大量研究结果表明，油藏开发过程实际上是多相流体渗流与多孔介质弹塑性变形动态耦合的过程。孔隙流体压力变化会导致多孔介质骨架变形，而多孔介质骨架变形又将引起孔隙度和渗透率的变化。应力敏感性显著的油藏称为变形介质油藏。

目前关于油藏应力敏感性的研究有两种方法：一是利用室内实验方法，评价应力敏感强弱，分析介质变形对孔隙度和渗透率的影响；二是利用应力敏感系数修正达西公式，建立变形介质油藏渗流理论，分析应力敏感性对储层渗流的影响。

室内实验研究结果大同小异，比如随着上覆压力的增加，有效应力增加，基质和裂缝的孔隙体积和渗透率降低；在相同的有效应力增量作用下，裂缝系统的变形量比基质系统大，裂缝渗透率也比基质渗透率变化幅度大。国内外提出了不同的关系式评价储层应力敏感性。1975 年和 1981 年，Jones 和 Walsh 分别提出裂缝性储层中岩石渗透率与有效应力之间的关系式。1999 年，张琰和崔迎春采用渗透率损害率来评价低渗透气层的应力敏感性。2002 年，中国公布了应力敏感性的评价方法和标准，以渗透率损害率作为评价指标，将应力敏感损害程度分为无、弱、中等偏弱、中等偏强、强和极强六种类型。2005 年，兰林等在探讨应力敏感评价方法的优缺点时，建议采用应力敏感系数来评价储层应力敏感性。2007 年，王厉强拟合实验结果指出指数、乘幂和对数三种关系式均能描述有效压力与绝对渗透率、孔隙度之间的定量关系式，通常适用指数式关系式。

围绕储层应力敏感性的渗流理论一直是变形介质油藏的研究热点。这些理论多以应力敏感系数为出发点，建立数学模型进行试井分析和产能预测。1980 年，Samaniego 和 Cinco 假设井筒定压生产，建立应力敏感性条件下的产能递减图版，指出该条件下的产量递减规律不满足常见的三种 Arps 递减规律。1985 年，Nur 和 Yilmaz 首次定义了微分形式的应力敏感性系数，只考虑渗透率随压力的变化。1991 年，Kikani 和 Pedrosa 将 Nur 和 Yilmaz 定义的应力敏感系数关系式演变为指数形式，极大地方便了以后的研究和应用。2002 年，Raghavan 和 Chin 将地应力变化耦合到流体流动中建立数值模型，指出裂缝的部分闭合会增加井底流动压降。2008 年，Archer 假设渗透率随着压力线性变化，避免了使用拟压力函数来处理应力敏感性对气井产能的影响。2013 年，Yao 等将水力裂缝离散成多个条带源，考虑与应力敏感性相关的裂缝导流能力，给出半解析解。2014 年，Zhang 等考虑滞后效应，重新定义裂缝渗透率与压力的关系式来改善有限导流垂直裂缝井模型。部分学者根据现场需要，利用应力敏感性指数关系式，直接将其代入常用的稳态产能方程和拟稳态产能方程去分析变形介质油藏的油井产能特征。关于变形介质油藏油井产能的研究现状将在后文详细介绍。

纵观国内外学者在应力敏感性方面的研究成果，指数式应力敏感关系式是应用最多的，近些年的研究成果极少有超越这个关系式的。但学者们在建立模型、求解和算法等方面取得了很多突破，极大地丰富了储层应力敏感性的渗流理论。当然，应力敏感性的研究仍存在诸多不足，比如降压开采过程中的天然裂缝闭合、应力敏感性的岩石力学机理。

1.1.3 裂缝性油藏油井产能评价研究现状

油藏产能评价方法包括经验方法和理论方法，两种方法的适用条件和准确性差异较大。经验方法以现场油井生产数据的统计分析为主，对油藏类型没有要求，适用于砂岩油藏和碳酸盐岩油藏，现场使用非常方便，但计算误差大。1945 年，Arps 通过观察大量的生产数据，提出了 Arps 产量递减曲线。他指出当油气井进入拟稳态渗流期后，其产量按照三种方式进行递减，即指数递减、调和递减和双曲递减，该方法是经验方法的典型代表。1984 年，翁文波指出在资源有限体系中可以用 Poisson 分布概率函数来形象描述其兴衰生命周期，进而可以用 Poisson 旋回公式来描述油田注水开发系统产油量变化的全过程。2013 年，刘辉等针对伊朗南阿扎德甘油田 Sarvak 油藏，分析其生产数据和油嘴的关系，利用 Poettman 油嘴产状模型，建立起该碳酸盐岩油藏的产能预测模型。现场常用的经验方法还有试油法、试采法和统计类比法，这三种方法主要适用于新井初期的产能评价，但不适用于老井和处于开发调整阶段的油田。理论方法主要依靠 Fetkovich，Blasingame 和 Agarwal 等建立的产量递减图版进行产能预测。一开始时这些方法只适用于单孔介质储层，主要是砂岩油藏，但 Warren-Root 模型、Kazemi 模型和 de Swaan 模型等的提出将油藏研究范围从单孔介质拓展到双孔介质，有力地促进了裂缝孔隙型碳酸盐岩油藏产能问题的研究。但是，相关的研究多集中在双重介质油藏的不稳定压力试井分析方面，关于产能递减规律的研究很少。同时，由于建模时假设条件苛刻，而碳酸盐岩油藏的情况又十分复杂，导致这些理论方法的使用具有局限性。

油井流入动态关系也是油井产能评价和预测的一种重要方法，属于产能试井范畴，其方程因简洁实用而被广泛应用。1968 年，Vogel 首次提出适用于溶解气驱油藏的无因次流入动态曲线，给油藏流入动态的研究奠定基础。1971 年，Standing 在 Vogel 的基础上，定义流动效率来反映油井的完善性，建立起不完善井的流入动态关系式，这是对 Vogel 方程的推广。1973 年，Fetkovich 在气井产能经验方程基础上，提出 Fetkovich 形式的流入动态关系式。1989 年，Bendakhlia 和 Aziz 通过数值模拟，结合溶解气驱油藏直井经典的 Vogel 方程和 Fetkovich 方程，提出了一种无因次水平井流入动态方程。1990 年，Cheng 采用数值模拟研究溶解气驱油藏中斜井和水平井的产能规律，回归出不同井斜角的流入动态关系式。同年，Wiggins 通过数值模拟首次提出直井三相流的流入动态关系来处理油气水三相流的问题，Petrobras 按照含水率取纯油相产能方程和纯水相产能方程的加权平均值，建立了完善井的三相流入动态关系式，对饱和油藏和不饱和油藏都适用。由于原理简单，操作方便，Petrobras 的方法被广泛地应用。国内关于油井流入动态关系的研究开始较晚，但进展较快。1986 年，贾振歧通过严格推导，给出了 Vogel 方程中各系数的数学表达式。2000 年，刘想平等根据数值模拟计算，研究出溶解气驱油藏中水平井的流入动态关系。2002 年，李晓平等利用气体稳态渗流理论推导出水平气井的二项式产能方程。2006 年，陈德春等利用修正的 Cheng 方程建立起水平井三相流入动态计算模型。2010 年，吴晓东等在 Petrobras 方法基础上先后建立不完善井和超完善井的油气水三相流入动态关系，完善了油气水三相流入动态的理论体系。

考虑到油藏实际情况和现场需要，部分学者将油井流入动态关系拓展到变形介质油藏中。2002年，宋付权考虑介质变形和启动压力梯度的影响，推导出适用于低渗透油藏的直井流入动态方程。2005年，王玉英等将拟压力应用到变形介质油藏中，推导出考虑渗透率变化的流入动态方程。2011年，田冷等考虑启动压力梯度、应力敏感性和流体黏度可变性，建立起相应的稳态产能方程，研究均指出应力敏感性对油井产能影响显著，应力敏感性越强，油井产能越小。

综合国内外油井流入动态关系的研究现状，目前在油田应用的流入动态方程形形色色，让各油田不知道选择哪种流入动态方程评价产能更合适，形式简单且适用范围广的流入动态方程是未来的发展方向。对于裂缝孔隙型油藏，地层压力保持水平较低时，存在应力敏感性和油气水多相流等特征，上面的流入动态方程均存在局限性，要么未考虑双重介质特征，要么未考虑储层应力敏感性和裂缝闭合，要么未考虑井底出现的油气两相流或油气水三相流，要么有储层发生稳态流动的假设，要么有生产过程中油藏平均压力近似不变的假设。目前缺乏一套适用范围广且考虑应力敏感性、裂缝闭合和多相流影响的油井流入动态方程。

1.1.4　裂缝性碳酸盐岩油藏注水技术政策研究现状

碳酸盐岩油藏的裂缝比较发育，注气开发容易发生气窜，注水保持地层能量仍然是碳酸盐岩油藏开发的主要方式。注水技术政策包括注水方式、注采井网、注水井工作制度、注采强度、注水时机和压力保持水平等，涉及较广。

碳酸盐岩油藏的特征不同，注水方式差异很大，切割注水、面积注水和屏障注水等方式在油田现场均有运用，如英国北海 Brent 油田采用边外注水方式、俄国 Kuleshov 油田采用行列注水方式、美国 Prudhoe Bay 油田采用面积注水方式、巴西 Buracica 油田采用屏障注水方式以及中国塔河油田比较特殊的单井注水替油。总体来看，国内外碳酸盐岩油藏的注水方式以面积注水为主。注水方式既强调注采井网的配置关系，也强调注水井的工作制度。常见的注水井工作制度包括连续注水和周期注水等。对于裂缝性油藏，采用连续注水开发，容易使注入水沿裂缝水窜，同时使基质中的油被水封，导致渗吸作用较难发挥。周期注水是改善裂缝性油藏注水开发效果的有效途径，其由于毛管力和弹性力的作用可以克服连续注水所带来的不利影响。周期注水使流体在地层中不断地重新分布，促进渗吸作用，增大注入水的波及系数和洗油效率，进而提高采收率。这对裂缝孔隙型碳酸盐岩油藏发挥渗吸排油作用非常有利。周期注水的优点是不会增加过建设投资，在原有注水开发系统的基础上就能实施。

合理控制驱替速度对于裂缝性油藏增大注水波及系数和发挥重力作用有显著的影响。1983年，中国石油华北油田的室内实验研究指出，适当选择较低的注水速度有利于扩大注入水对裂缝系统的波及效率和提高裂缝系统中原油的采收率。2003 年, 中国科学院渗流流体力学研究所进行水驱动态实验表明裂缝性油藏存在最佳的驱替速度, 使渗吸作用和驱替作用都能充分发挥, 进而使驱油效果达到最佳。2011 年, 杨胜来等同样研究认为低注水速度有利于基质发挥渗吸排油作用。2016 年, 杨强通过物理模拟研究塔河油田碳酸盐岩油藏不同注水速度下的注水开发规律时发现: 前期产纯油阶段, 注水速度越大, 累积产油量越小; 后期油水同产阶段, 注水速度越大, 累积产油量越大, 但含水上升也越快。

哈萨克斯坦让纳若尔油田均为典型裂缝孔隙型碳酸盐岩油藏, 开发过程中都曾面临地层压力水平低、需要注水恢复地层压力的局面, 这与 NT 油田目前的局面相同。2009 年, 宋珀等在研究让纳若尔油田的注水恢复压力技术政策时, 针对裂缝发育区和裂缝不发育区分别开展数值模拟, 论证了两种储层情形下合理的压力保持水平、注采比、采油速度等注水开发技术参数。2016 年, 赵文琪等对滨里海盆某裂缝孔隙型碳酸盐岩油藏的注水恢复压力技术政策进行论证, 指出注水时地层压力保持水平越低, 合理压力恢复水平越低, 建议采用早期温和注水方式开发弱挥发性碳酸盐岩油藏。

总体来看, 受油藏特征和前期开发方式差异的影响, 碳酸盐岩油藏的注水技术政策差异很大。针对地层压力保持水平低的裂缝孔隙型碳酸盐岩油藏, 制定合理的开发技术政策是改善其开发效果的关键。

1.2 裂缝孔隙型碳酸盐岩油藏注水开发存在问题

中亚地区以 NT 油田为代表的裂缝孔隙型碳酸盐岩油藏地层能量补充不足, 亏空均较严重, 地层压力保持水平很低, 产能递减形势十分严峻。注水开发已成为该类油田的主要开发方式, 但其注水开发过程中展现出诸多异于常规砂岩油藏的特征, 比如水窜和气窜, 注水效果不尽理想。亟需开展低地层压力保持水平下裂缝孔隙型碳酸盐岩油藏注水开发特征和注水恢复压力技术政策的研究, 为这类油藏的地层能量恢复和注水开发效果改善提供理论指导。

（1）裂缝发育特征是影响裂缝孔隙型碳酸盐岩油藏注水开发效果的关键因素。目前关于 NT 油田裂缝的成因特征、产状特征、充填特征、开度和长度等在平面或纵向上的分布发育规律尚未认识清楚, 使得裂缝预测和储层建模的准确性低, 进而造成注水开发技术政策的制定具有盲目性。厘清 NT 油田的裂缝发育特征是提升注水开发效果的前提条件。

（2）油藏流体相态特征与地层压力保持水平息息相关, 二者直接影响开发过程中的气窜程度, 目前缺少针对性的相态预测模型来准确预测原油的相态变化规律。同时关于不同地层压力水平下原油渗流物理特征的研究多为定性描述, 缺少有效的定量评价方法, 加之裂缝性储层的应力敏感特征突出, 而现有渗流数学模型未考虑地层压力下降时的裂缝闭合，使得该条件下油井渗流规律不清楚。

（3）应力敏感性导致的低压力保持水平下裂缝孔隙型储层裂缝闭合对油井产能的影响不容忽视，但传统油井产能评价方程所考虑的影响因素比较单一，现有文献中未见考虑地层压力水平和裂缝闭合的油井产能评价方程，同时对储层介质类型、油藏饱和类型和油气水多相流等因素的考虑缺乏系统性，使得油田现场的油井产能预测误差大。

（4）裂缝孔隙型碳酸盐岩油藏的数值模拟耦合应力敏感性一直是开发技术政策论证中的难题。文献中论证注水开发技术政策时均未考虑应力敏感性，缺乏有效的应力敏感性引入方法，并且注水开发技术政策研究多集中于常规地层压力注水开发，关于低压力保持水平下注水开发的研究较少。由于地质条件的差异性，NT 油田缺乏一套针对性的低压力保持水平下注水恢复压力技术政策。

2 NT 油田地质概况

滨里海盆地是哈萨克斯坦重要的石油与天然气生产基地，在中亚地区乃至世界油气领域具有举足轻重的地位。中国石油在该盆地深耕多年，发现大量油气，其储集层类型主要为碳酸盐岩储层。NT 油田位于滨里海盆地东缘，是中油国际阿克纠宾项目的主力油田，为中国石油在中亚地区的重要油气来源，属于典型的裂缝孔隙型碳酸盐岩油藏。

2.1 区域地理和构造位置

滨里海盆地位于里海西北部、北部和东北部，亦称为"北里海盆地"，地理位置横跨哈萨克斯坦和俄罗斯两国境内，其中盆地主体面积的 85% 左右位于哈萨克斯坦西部，15% 左右位于俄罗斯南部 [图 2 – 1（a）]。滨里海盆地整体呈东西方向延伸，东西向长 1000km，南北向最宽处可达 650km，轮廓近似椭圆形，盆地面积为 $50 \times 10^4 km^2$ [图 2 – 1（b）]。滨里海盆地大地构造位置位于东欧地台的东南部，东部延伸至乌拉尔海西期褶皱带，属于晚元古代以来的叠合盆地，内部可进一步划分为断阶带（北部和西北部）、中央坳陷带、东南隆起带以及南部隆起带共四个二级构造单元，以及大量次级构造单元 [图 2 – 1（b）]。目前已在盆地二叠系盐层下部发现阿斯特拉罕、田吉兹、卡莎甘、让纳若尔、肯基亚克和 NT 等一系列大型、特大型碳酸盐岩油气田 [图 2 – 1（b）（c）]。

NT 油田位于滨里海盆地东缘，从行政上划分属于哈萨克斯坦阿克纠宾州穆戈贾尔区，地理上位于让纳若尔和肯基亚克油田的南部，均分布于滨里海盆地东缘的延别克—扎尔卡梅斯隆起带中。

2.2 地层发育特征

滨里海盆地经历了漫长的地质历史，在太古代里菲纪结晶基底上形成了从古生代至中生代以来的巨厚沉积盖层，成为世界上"沉降最深、沉积厚度最大"的含油气盆地之一（图 2 – 2）。

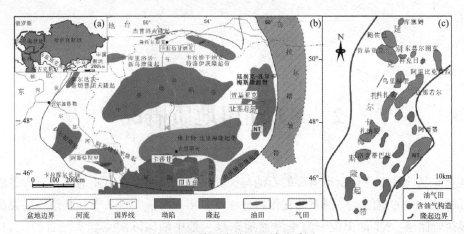

图 2-1　滨里海盆地区域地质图
（a）滨里海盆地地理位置图；（b）滨里海盆地区域构造单元划分示意图；
（c）滨里海盆地东缘主要油气田分布图

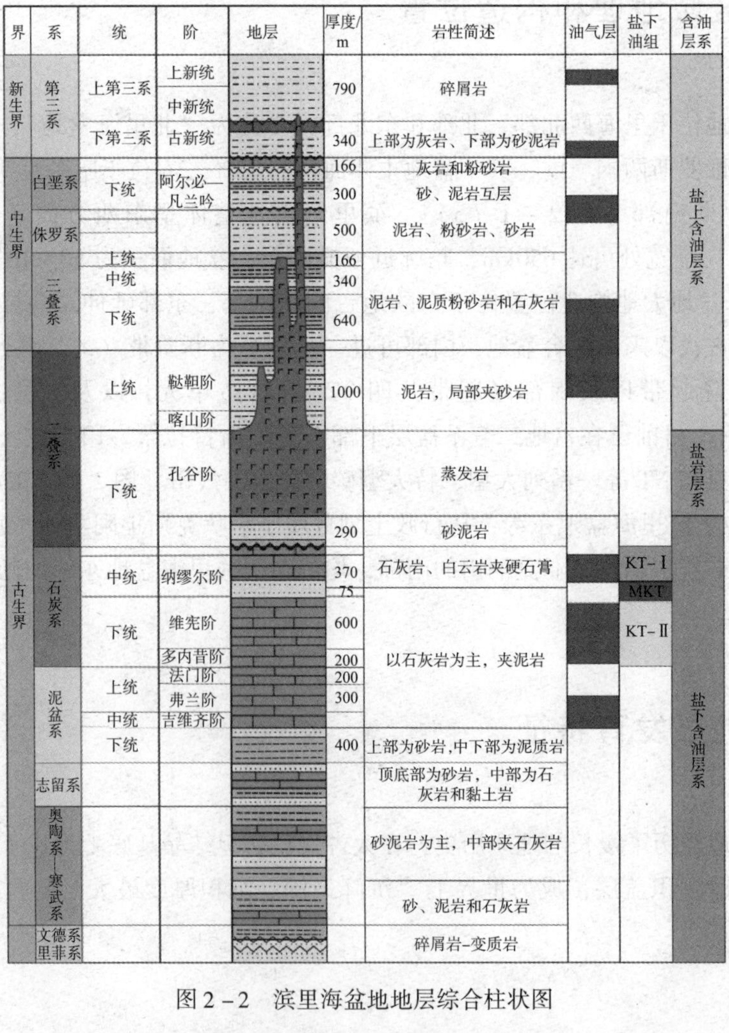

界	系	统	阶	地层	厚度/m	岩性简述	油气层	盐下油组	含油层系
新生界	第三系	上第三系	上新统 中新统		790	碎屑岩			盐上含油层系
		下第三系	古新统		340	上部为灰岩、下部为砂泥岩			
中生界	白垩系	下统	阿尔必— 凡兰吟		166	灰岩和粉砂岩			
					300	砂、泥岩互层			
	侏罗系				500	泥岩、粉砂岩、砂岩			
	三叠系	上统			166	泥岩、泥质粉砂岩和石灰岩			
		中统			340				
		下统			640				
古生界	二叠系	上统	鞑靼阶		1000	泥岩，局部夹砂岩			盐岩层系
			喀山阶						
		下统	孔谷阶			蒸发岩			
					290	砂泥岩			
	石炭系	中统	纳缪尔阶		370	石灰岩、白云岩夹硬石膏		KT-I	盐下含油层系
					75			MKT	
		下统	维宪阶		600			KT-II	
			多内普阶		200	以石灰岩为主，夹泥岩			
	泥盆系	上统	法门阶		200				
			弗兰阶		300				
		中统	吉维齐阶						
		下统			400	上部为砂岩，中下部为泥质岩			
	志留系					顶底部为砂岩，中部为石灰岩和黏土岩			
	奥陶系 寒武系					砂泥岩为主，中部夹石灰岩			
						砂、泥岩和石灰岩			
	文德系 里菲系					碎屑岩-变质岩			

图 2-2　滨里海盆地地层综合柱状图

从油田勘探开发的角度，滨里海盆地的沉积地层剖面可以划分为三大层系：含盐层系、盐上层系和盐下层系（图2-2）。含盐层系指下二叠统上部孔谷阶的盐岩、硬石膏岩夹少量陆源碎屑岩和碳酸盐岩，是非常优质的区域性油气盖层。盐岩具有很强的流动性，易于形成各类盐构造，造成盐层厚度变化剧烈，变化范围为1~5km，盆地内发育的盐丘数量超过1500个。盐上层系指上二叠统第四系沉积的巨厚陆源碎屑岩，厚度变化大，以发育众多的盐丘穿刺或底辟构造为典型特征，目前已在多个层段发现了油气田。盐下层系指下二叠统孔谷阶含盐层系以下的沉积地层。据地球物理资料，盆地边缘厚度为3000~4000m，盆地中心部位厚度可达10000~13000m，主要发育巨厚的碎屑岩和碳酸盐岩，是滨里海盆地的主要含油层系。滨里海盆地边缘地带的盐下层系盛产大型、特大型油气田[图2-1（b）]，NT油田即为其中之一。

NT油田的地层发育比较齐全，从上到下依次为第四系、白垩系、三叠系、二叠系和石炭系。油田目前所发现的碳酸盐岩油气藏均位于盐下层系，以石炭系为主。石炭系地层自上而下划分为KT-Ⅰ油层组、MKT碎屑岩组和KT-Ⅱ油层组（表2-1）。KT-Ⅰ油层组的平均地层厚度为150m，KT-Ⅱ油层组的平均地层厚度为230m。MKT碎屑岩组的平均地层厚度为340m，将KT-Ⅰ与KT-Ⅱ分隔开。

表2-1 滨里海盆地石炭系地层情况

系	统	阶（亚阶、小层）			油层组	
二叠系（P）	下二叠统（P_1）	阿瑟尔—萨克马尔阶（$P_1a + P_1s$）			第一个陆源小层	
石炭系（C）	上石炭统（C_3）	戈热里阶（C_3g）			KT-Ⅰ	A
		卡西莫尔阶（C_3k）				Б
	中石炭统（C_2）	莫斯科阶（C_2m）	上亚阶	米亚奇科夫小层（C_2m_2mc）		B
				波多里小层（C_2m_2pd）	第二个陆源小层	
			下亚阶	卡什尔小层（C_2m_1k）	KT-Ⅱ	Гв
				维列伊小层（C_2m_1v）		Гн
		巴什基尔阶（C_2b）				Дв

KT-Ⅰ油层组可分为A、Б和B三个层组。A层进一步细分为A_1、A_2和A_3三个小层，A层平均厚度为85.2m。其中，A_1层在全区遭受强烈剥蚀，在油田南部发育，共有11口井钻遇；A_2与A_3层在全区钻遇率较高，分布较稳定。Б层进一步细分为$Б_1$和$Б_2$两个小层，平均厚度为71.5m。B层进一步为B_1、B_2、B_3、B_4和B_5五个小层，均在全区稳定分布，平均厚度为259.3m（图2-3）。

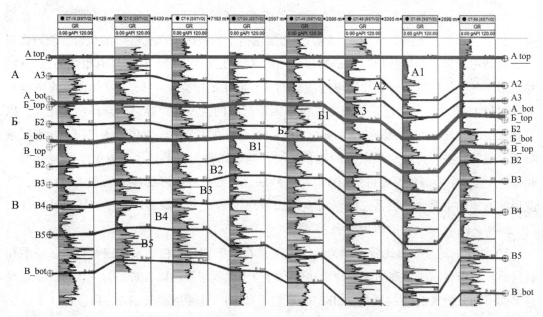

图 2 - 3　NT 油田 KT - Ⅰ 油层组小层划分对比结果

KT - Ⅱ 油层组可分为 Г 和 Д 两个层组。Г 层划分为 $Г_1$、$Г_2$、$Г_3$、$Г_4$、$Г_5$ 和 $Г_6$ 六个小层，平均厚度为 223m；Д 层划分为 $Д_1$、$Д_2$ 和 $Д_3$ 三个小层，平均厚度为 107m。各小层在全区均稳定分布（图 2 - 4）。

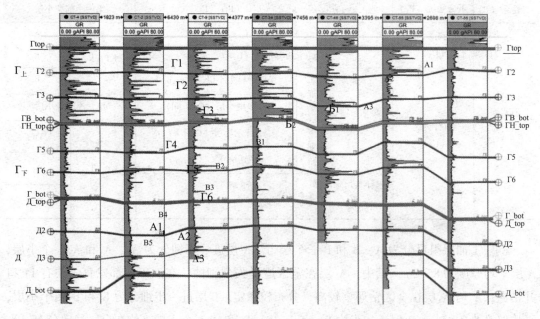

图 2 - 4　NT 油田 KT - Ⅱ 油层组小层划分对比结果

2.3 构造特征及演化

NT 油田整体为北东—南西走向的断背斜构造，构造继承性好。其中，KT-Ⅰ层共发育 11 条断层，以北东走向为主，构造圈闭长 32.2km，宽 12.2km，圈闭面积为 278.2km² （图 2-5）。

综合前人针对滨里海盆地东缘构造演化特征的系统深入研究，选取过 CT-10井的近东西向横剖面（图 2-6），利用平衡剖面技术，开展剖面构造演化分析，基本厘清 NT 油田的构造演化特征。滨里海盆地东缘 NT 地区从石炭系至三叠系经历的主要构造演化过程可以细分为以下 7 个阶段，分别在构造演化示意图中用（a）~（g）表示：（a）阶段为石炭系 KT-Ⅱ层沉积以前的地层剖面；（b）阶段为石炭系 MKT 层沉积以前的地层剖面；

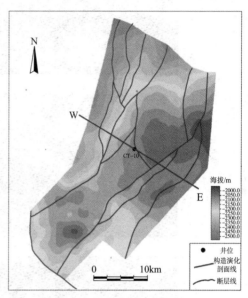

图 2-5　NT 油田石炭系 KT-Ⅰ层
顶面构造图

（c）阶段为石炭系 KT-Ⅰ层沉积以前的地层剖面，在该阶段石炭系沉积环境较为平稳，油田整体地层厚度相当；（d）阶段为下二叠统沉积以前的地层剖面，在晚石炭世莫斯科期，滨里海盆地东南缘处于被动大陆边缘向弧后盆地转换的初始阶段，形成了西高东低的古构造格局，同时与海西构造运动相关的苏杰特期构造运动造成地层整体的抬升，前人在针对沉积建造的不同期次分析也证实盆地东缘地区在该阶段为向东部和东南部倾斜的古斜坡带，表明石炭纪该区古构造高点位于西部地区，地层的抬升使得西部地区遭受强烈的风化剥蚀，这也是风化壳古岩溶作用发育的基础；（e）阶段为上二叠统和膏盐岩层沉积以前的地层剖面，该阶段的海西构造运动加剧了西高东低的构造格局，整体上地层继续保持东倾西抬的特征；（f）阶段为三叠系沉积以前的地层剖面，在该阶段由于二叠纪末的乌拉尔造山运动导致构造发生抬升，使盆地东缘地区整体构造格局发生反转，由西高东低转为现今东高西低的构造格局（图 2-5）；（g）阶段为现今地层剖面，由于古近纪的构造运动导致 NT 地区整体发生抬升，遭受风化剥蚀后地层又发生下降，最终形成现今地层剖面东高西低的构造格局（图 2-5）。

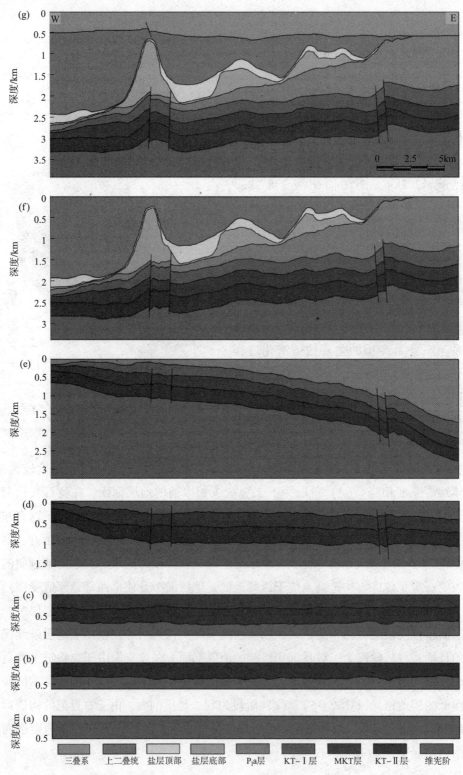

图2-6 滨里海盆地东缘 NT 油田东西向构造演化过程示意图

2.4　沉积环境特征

　　滨里海盆地东缘在晚古生代处于低纬度的热带或亚热带，为炎热、潮湿气候条件下的正常海水沉积环境，海相生物十分丰富。从早泥盆世开始，盆地东缘的沉积类型由陆源碎屑陆棚沉积逐渐转为海相碳酸盐岩台地沉积，沉积厚逾千米的碳酸盐岩。据滨里海盆地东缘的钻井资料统计，石炭系 KT-I 层的生物化石含量平均超过38%，KT-II 层为近58%，表明盆地东缘处于利于生物发育的浅海环境，同时油田钻井岩心资料显示盆地东缘的岩石类型以颗粒灰岩为主，表明该区在沉积时期处于水动力较强、阳光和养料充足的浅海环境。滨里海盆地东缘在晚古生代经历了多次较大规模的海侵和海退事件，沉积模式为浅海陆棚—开阔台地—局限台地—蒸发台地的演化过程（图2-7）。

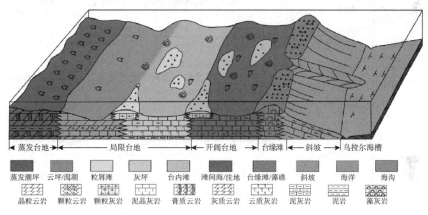

图2-7　滨里海盆地东缘 NT 油田石炭系沉积模式图

2.5　碳酸盐岩储层特征

　　岩性特征、储集空间类型和非均质性对碳酸盐岩储层的储产油气能力具有十分重要的控制作用。

2.5.1　岩性特征

　　NT 油田石炭系地层自上而下分为 KT-I 层碳酸盐岩、膏盐岩、MKT 碎屑岩、KT-II 层碳酸盐岩和少量泥岩以及维宪阶中下部泥岩，表2-2 为该油田各小层的典型岩性特征。

表 2-2 NT 油田石炭系地层岩性特征

地层		油层组	小层	典型岩性
二叠系下统				以深灰色泥岩为主，局部夹蓝灰色铝土质泥岩、灰色泥质灰岩
上统	格热尔阶 (C_3g)	KT-Ⅰ	A_1	北部主要为硬石膏岩、泥质膏岩夹泥岩、灰质泥岩、泥质灰岩；南部主要为浅褐灰色、灰白色泥晶生屑灰岩，泥晶球粒灰岩夹泥粉晶白云岩
			A_2	
			A_3	
	卡西莫夫阶 (C_3k)		$Б_1$	北部上部为硬石膏岩、泥质膏岩夹泥岩，中部为泥粉晶云岩，下部为灰质泥岩、泥质灰岩；南部无石膏，以泥粉晶白云岩、泥质灰岩、白云质灰岩为主
			$Б_2$	
中统	莫斯科阶 (C_2m)		B_1	灰色、浅褐灰色泥晶灰岩、泥晶颗粒灰岩、泥质灰岩夹少量泥岩
			B_2	
			B_3	
			B_4	
			B_5	
		MKT		以泥岩、泥灰岩、泥质粉砂岩为主，局部夹蓝灰色铝土质泥岩、杂色砾岩、灰岩
		KT-Ⅱ	$Γ_1$	主要为浅灰色、浅褐灰色泥晶灰岩、亮晶颗粒灰岩夹少量泥质灰岩和泥岩
			$Γ_2$	
			$Γ_3$	
			$Γ_4$	
			$Γ_5$	
			$Γ_6$	
	巴什基尔阶 (C_2b)		$Д_1$	浅灰、浅褐灰色泥晶灰岩、泥晶生屑灰岩夹少量亮晶生屑灰岩和泥质灰岩
			$Д_2$	
			$Д_3$	
			$Д_4$	
	谢尔普霍夫阶 (C_1s)		$Д_5$	
			C_1s_2 st	浅灰、浅褐灰色灰岩和云岩
			C_1s_2 tr	
下统	上维宪阶 (C_1v_3)		C_1v_3	灰、褐灰色致密的粉细晶生屑灰岩和晶间孔较发育的粉细晶云岩
	中、下维宪阶 (C_1v_3)	VISEAN		灰～深灰色、杂色泥岩，微含灰质和粉砂粒，偶见灰岩和变质岩砾石

油田岩石类型复杂多样，根据取心井 CT-4 井 82 个岩石薄片分析数据，KT-Ⅰ 层以白云岩为主，占 68.3%，主要是由白云岩化作用形成的粉晶和泥晶白云岩；灰岩次之，占 19.5%，主要为亮晶和泥晶有孔虫灰岩、蜓类灰岩和藻灰岩，也有少量生屑灰岩和球粒灰岩；另外还有部分泥晶、粉晶和泥粉晶灰质云岩，占 11%，以及少量灰质岩屑砂岩，占 1.2%（图 2-8）。根据已完钻井的中子和密度测井曲线交会图，KT-Ⅰ 层岩性以白云岩和灰岩为主，另有少量泥岩，含油储层则主要为白云岩（图 2-10）。

根据CT-4井187个岩石薄片分析数据，KT-Ⅱ层全部为灰岩，且主要为生物灰岩，占91.4%，其中藻灰岩、藻团块灰岩占54.5%，有孔虫灰岩占26.2%；另外还有少量的包粒灰岩、鲕粒灰岩和粒屑灰岩，分别占4.8%、2.7%和1.1%（图2-9）。根据已完钻井的中子和密度测井曲线交会图，油田KT-Ⅱ层以灰岩为主，另有少量泥岩（图2-11）。

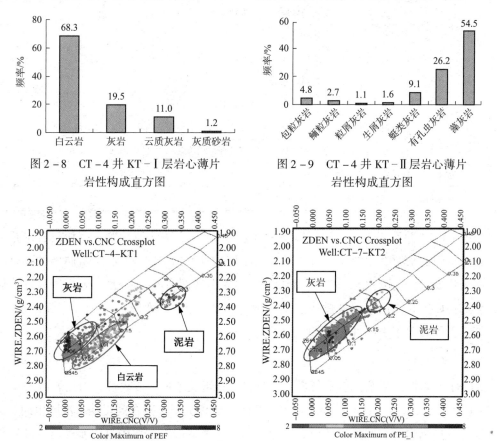

图2-8 CT-4井KT-Ⅰ层岩心薄片
岩性构成直方图

图2-9 CT-4井KT-Ⅱ层岩心薄片
岩性构成直方图

图2-10 KT-Ⅰ层密度-中子测井交会图

图2-11 KT-Ⅱ层密度-中子测井交会图

2.5.2 储集空间类型

通过取心井CT-4井所钻石炭系岩心观察、薄片鉴定以及测井资料分析发现，储集空间类型可以分为孔隙、裂缝与溶洞3大类，并可细分成12亚类（表2-3）。

表2-3 CT-4井石炭系储层空隙分类表

储集空间分类		特征
类	亚类	
孔隙	粒间（溶）孔	颗粒之间的空隙
	粒内溶孔	颗粒（晶粒）内部部分被溶解形成的孔隙

续表

储集空间分类		特征
类	亚类	
孔隙	粒模孔	颗粒被完全溶蚀形成粒模孔
	体腔孔	生物肉体腐烂或腔内填隙物被溶蚀而成孔
	壳壁孔	生物硬壳被部分溶蚀成孔
	晶间（溶）孔	碳酸盐矿物晶体之间的孔隙或其被溶解扩大形成的孔隙
	架间孔	生物格架间的孔隙
裂缝	构造缝	构造营力形成，特点是有组系性、平直
	溶蚀缝	先成缝被溶蚀扩大而成，多呈不规则弯曲状，部分被方解石充填
	粒裂纹	单个颗粒裂开而没有延伸至相邻颗粒的裂隙或裂纹
	压溶缝	压溶作用形成，主要是缝合线，空隙见于缝合柱面
溶洞		大于2mm的溶孔

根据 CT-4 井石炭系 KT-Ⅰ 和 KT-Ⅱ 油层组 270 个铸体薄片鉴定分析，石炭系的孔隙含量占空隙的 93.6%，裂缝占 4.36%，溶洞占 2.04%。KT-Ⅰ 油层组储层的孔隙、裂缝、溶洞均发育，孔隙占 83.97%，裂缝占 9.3%，溶洞占 6.73%，三者配置良好，储层物性较好；KT-Ⅱ 油层组以孔隙占绝对优势，占 97.79%，裂缝占 2.21%，无溶洞，孔、洞、缝三者配置差于 KT-Ⅰ 油层组。

1. 孔隙特征

KT-Ⅰ 层岩性较复杂，包括灰岩、白云岩、膏岩及各种过渡岩性，白云岩占 53%，灰岩占 44%。储层为蒸发台地—局限台地—开阔台地相沉积，其在同生期、准同生期及成岩早期受蒸发白云岩化和回流渗透白云岩化作用，在埋藏成岩过程中进一步受溶蚀和胶结作用的改造。石炭纪末储层整体抬升遭受剥蚀，北部剥蚀程度较高，A_1 层和部分 A_2 层被剥蚀掉而缺失，遭受大气淡水淋滤作用。受多种因素控制，KT-Ⅰ 层孔隙类型较多，包括各种原生（同生、准同生）的粒间孔、架间孔和体腔孔以及各种次生的粒间溶孔、粒内溶孔、晶间溶孔、晶模孔等（图 2-12），以体腔孔和晶间溶孔为主（图 2-13）。

(a) 2352.92m 体腔孔　　　(b) 2342.81m 晶间溶孔发育　　　(c) 2343.26m 粒模孔

图 2-12　NT 油田 KT-Ⅰ 层岩芯薄片图

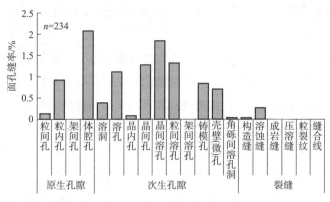

图 2-13 NT 油田 KT-Ⅰ层孔隙亚类统计结果

KT-Ⅱ层岩性主要为质纯灰岩（占99.6%），少见白云岩。储层为开阔台地相沉积，生物碎屑滩相是主要的储层发育相带。在沉积过程中，水体较 KT-Ⅰ层深，主要为生物碎屑滩、藻礁和滩间沉积，为连续沉积，后期未遭受抬升剥蚀。储层孔隙的形成主要受成岩过程中的溶解和胶结作用控制。受较单一成因控制，KT-Ⅱ层孔隙类型较单一，主要为生物软体腐烂后形成的各类原生（同生、准同生）体腔孔，以及埋藏成岩过程中易溶组分选择性溶解形成的粒间溶孔、粒内溶孔（图 2-14、图 2-15）。

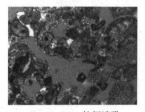
(a) 3212.5m 粒间溶孔

(b) 3085.9m 粒间溶孔

(c) 3127.8m 生物体腔孔

图 2-14 NT 油田 KT-Ⅱ层岩芯薄片图

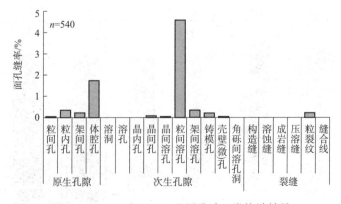

图 2-15 NT 油田 KT-Ⅱ层孔隙亚类统计结果

2. 裂缝特征

NT 油田开始注水开发后，部分井区油井含水率快速上升，原因之一是储层发育裂缝，注水沿裂缝突进到油井井底。利用常规测井计算单井裂缝发育的概率密度，可分析裂缝在平面上和纵向上的分布特征。

在平面上，各小层均表现为背斜构造高部位裂缝更发育，主要是由于构造高部位的局部构造应力作用强，岩石更容易破碎形成构造裂缝。下部的Б层和B层，以构造裂缝为主。上部的A层的裂缝有两种成因，一种是构造高部位在构造应力作用下形成的构造裂缝，另一种是构造高部位在二叠系沉积前，抬升幅度大，遭受大气淡水淋滤作用，形成的溶蚀裂缝（图2-16）。在纵向上，裂缝发育受沉积—成岩作用控制，随着岩相的变化，裂缝发育呈现规律性的变化。下部的$B_5 \sim B_3$层，由于泥质含量较高，以塑性形变为主，裂缝较少；中部的$B_2 \sim Б_1$层，纯质的灰岩、白云质灰岩在构造应力作用下，形成构造裂缝较多；上部的A层沉积水体浅，泥质含量较高，灰质云岩、云质灰岩均发育，裂缝相对较少（图2-17）。

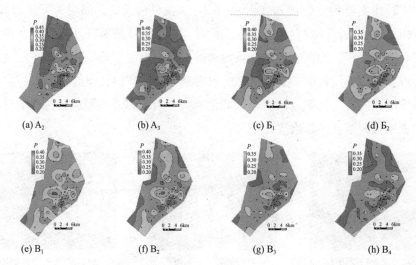

图2-16　NT油田各小层裂缝概率密度平面等值图

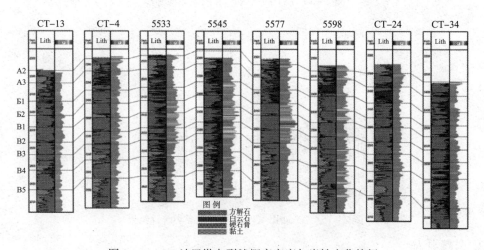

图2-17　NT油田纵向裂缝概率密度与岩性变化特征

3. 溶洞分布特征

溶洞只在 KT-Ⅰ层的蒸发台地相沉积地层中出现，KT-Ⅱ层未见溶洞。KT-Ⅰ层溶洞的形成直接与其浅埋藏遭受大气淋滤和后期抬升遭受风化剥蚀有关，主要是碳酸盐岩组分溶解形成。通过岩心观察和成像测井资料，KT-Ⅰ层顶部可见明显的溶洞发育（图2-18），洞径一般为 3~5mm，最大可达 25mm。溶洞一般与孔隙、裂缝同时发育，根据岩心薄片资料微观分析，KT-Ⅰ层洞隙度为 0.45%。

(a)CT-4井岩心溶蚀孔洞

(b)溶洞显微照片

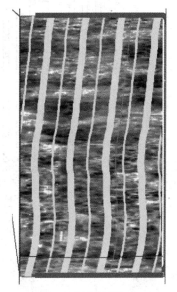

(c)溶洞成像测井

图2-18　NT油田 KT-Ⅰ层岩心观察和成像测井

2.5.3　储层类型

以孔隙、裂缝和溶洞的组合特征为依据，通过岩心观察可把油田的储层分为不连通型、裂缝型、裂缝孔隙型、孔隙型、孔洞型和孔洞缝复合型6种类型。

在纵向上，按小层分析各类储层所占的厚度比例，可发现碳酸盐岩储层类型在纵向上受沉积—成岩作用的控制，具有明显的变化规律。KT-Ⅰ层的沉积—成岩环境复杂，发育多种储集空间类型，储集空间类型的多样性造成储集空间类型组合的多样性，进而导致储层类型的多样性，包括：不连通型、裂缝孔隙型、孔隙型、孔洞型和孔洞缝复合型。以孔隙型为主，裂缝孔隙型次之。KT-Ⅱ层的沉积-成岩环境简单，岩性较为单一，储集空间类型只有孔隙和裂缝，其储层类型也较单一，主要为孔隙型和裂缝孔隙型，自下而上（由Д₃层至Г₁层），裂缝孔隙型储层的厚度比例逐渐增加（图2-19）。

在平面上，孔洞缝复合型储层和孔洞型储层集中发育在构造高部位，而孔隙型储层和裂缝孔隙型储层在全区均有发育（图2-20、图2-21）。构造高部位发育孔洞缝复合型储层和孔洞型储层，主要是因为构造高部位构造应力强，裂缝相对发育，在裂缝的沟通作用下，流体容易进入储层发生溶蚀作用，同时构造高部位后期抬升幅度大，受后期的剥蚀淋滤作用更强，使构造高部位形成大量的溶蚀裂缝、溶蚀孔隙和溶洞，造成这两种储层类型的集中发育。孔隙型储层受沉积—成岩作用控制，分布没有明显的规律性。大量断层发育造成全区的构造裂缝发育，加上构造高部位的溶蚀裂缝，使得裂缝孔隙型储层在全区广泛发育。

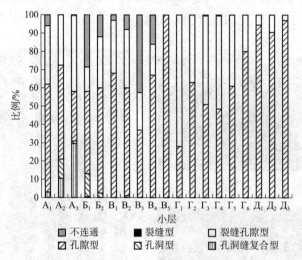

图 2 - 19 NT 油田纵向上各种储层类型的厚度比例

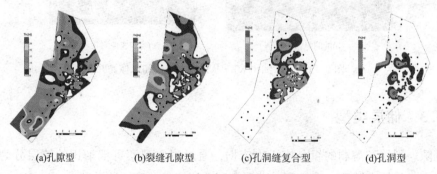

(a)孔隙型　　(b)裂缝孔隙型　　(c)孔洞缝复合型　　(d)孔洞型

图 2 - 20 NT 油田 KT - Ⅰ 层不同储层类型的平面分布图

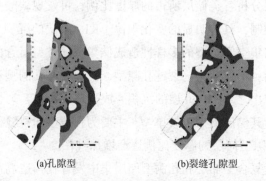

(a)孔隙型　　　　　　(b)裂缝孔隙型

图 2 - 21 NT 油田 KT - Ⅱ 层不同储层类型的平面分布图

2.5.4 非均质性特征

根据测井解释结果，KT-Ⅰ层的孔隙度介于 7.2% ~ 22.4% 之间，平均为 11.7%；渗透率介于 $(0.03 ~ 1418.78) \times 10^{-3} \mu m^2$ 之间，平均为 $51.32 \times 10^{-3} \mu m^2$。平面上各井点 KT-Ⅰ层平均渗透率介于 $(0.34 ~ 508.77) \times 10^{-3} \mu m^2$ 之间，级差较大，平面非均质性严重，低渗储层主要分布在以不连通孔隙为主的 Б 层，表现为高孔低渗特征。根据各小层物性参数和非均质参数统计结果，KT-Ⅰ层顶部储层物性最好，下部次之，中间最差，顶部 A 层渗透率高达 $624.73 \times 10^{-3} \mu m^2$，而中部 Б 层平均渗透率仅为 $3.74 \times 10^{-3} \mu m^2$，层间非均质性严重（表2-4、表2-5）。

KT-Ⅱ层的孔隙度介于 7.0% ~ 17.7% 之间，平均为 9.8%；渗透率介于 $(0.1 ~ 1947.3) \times 10^{-3} \mu m^2$ 之间，平均为 $22.25 \times 10^{-3} \mu m^2$。平面上各井点 KT-Ⅱ层平均渗透率介于 $(0.44 ~ 195.8) \times 10^{-3} \mu m^2$ 之间，级差较大，平面非均质性严重。根据各小层物性参数和非均质参数统计结果，KT-Ⅱ层上部 Г 层物性变化不大，各层平均孔隙度为 10%，平均渗透率为 $26.5 \times 10^{-3} \mu m^2$，下部 Д 层物性相对较差，平均孔隙度为 8.6%，平均渗透率为 $2.06 \times 10^{-3} \mu m^2$（表2-4、表2-5）。

表2-4 油田测井解释储层物性统计表

层位	储层孔隙度/%			储层渗透率/$10^{-3} \mu m^2$		
	平均	最小	最大	平均	最小	最大
A	11.8	8.6	16.1	61.37	0.10	624.73
Б	10.2	7.6	17.8	3.74	0.06	73.36
B	10.4	7.6	16	8.28	0.10	280.26
KT-Ⅰ	11.7	8.6	15	51.32	0.34	508.77
Гs	10	8.1	12.7	24.20	0.44	308.08
Гx	10.1	7	12.1	27.48	0.26	255.71
Г	10	7	11.4	26.51	0.41	203.43
Д	8.6	7.7	10.5	2.06	0.27	24.58
KT-Ⅱ	9.8	8.3	11.4	22.25	0.44	195.83

表2-5 油田非均质参数统计表

层位	变异系数	突进系数	级差	均质系数
A	1.25	9.21	903.73	0.11
Б	2.16	24.83	774.46	0.04
Г上	1.41	10.66	307.64	0.09
Г下	1.33	7.75	255.46	0.13

根据各小层分析孔隙度与渗透率分布结果，KT-Ⅰ层由上至下孔隙度与渗透率逐渐变下、物性变差；KT-Ⅱ层物性变化则相对较为平缓（图2-22）。

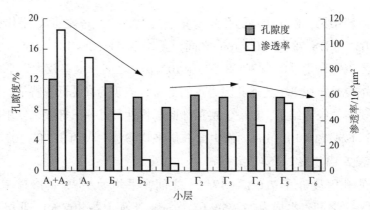

图2-22　油田各小层孔隙度与渗透率变化规律

2.6　油藏类型与特征

根据测井解释与试油等资料分析，油藏具有以下特征：

1. 油田储层油水关系比较复杂

以流体分布和性质而言，KT-Ⅰ与KT-Ⅱ层均为带气顶的油气藏，并由断层分割成多个断块，测井解释成果及试油结论均显示不同断块具有不同的流体界面，分别为独立的流体系统。KT-Ⅰ层平面上分成8个区，只在Ⅱ区存在气顶，油气界面为-2040m，Б层只在Ⅱ区发育油层，油水界面为-2155.8m，A层各区具有不同油水界面；KT-Ⅱ层平面上分成13个区，Ⅲ-Ⅴ区$\Gamma_{上}$存在气顶，界面统一为-2868m，各区在$\Gamma_{上}$、$\Gamma_{下}$具有不同的油水界面（图2-23、表2-6）。

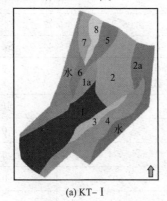

(a) KT-Ⅰ　　　　　　　　　　　　(b) KT-Ⅱ

图2-23　NT油田KT-Ⅰ层和KT-Ⅱ层分区平面图

表2-6　NT油田流体界面

KT-I				KT-II			
	A		Б		Г上		Г下
区块	油气界面/m	油水界面/m	油水界面/m	区块	油气界面/m	油水界面/m	油水界面/m
I				I		-2929.2	-2934.1
II	-2040	-2171	-2155.8	II		-2866.5	-2866.5
III				III		-2968.6	-2968.6
IV		-2182.5		IV	-2868	-2935	-2935
V		-2209		V		-2980	-2980
VII		-2353		VI		-2882.8	-2931.6
VIII		-2341.2		VII		-3008.6	
				VIII		-3084.5	
				X		-3174.8	
				XI		-3095	-3204
				VIII		-3196	

2. 油田储层天然能量较弱

根据油藏驱动指数经验公式，分别计算 KT-I 层和 KT-II 层的天然能量驱动指数，同时根据测试压力资料与累积产出的关系计算每采出 1% 地质储量所需的压降，可以看出：KT-I 层主要的天然驱动能量为溶解气驱与天然水驱；KT-II 层主要的天然驱动能量为溶解气驱与气顶气驱（表2-7）。根据天然能量分类标准，KT-I 层与 KT-II 层天然能量均不足（表2-8）。

表2-7　油田驱动指数计算

驱动能量	驱动指数	
	KT-I	KT-II
天然水驱	0.43	0.02
弹性驱	0.09	0.17
溶解气驱	0.45	0.46
气顶驱	0.04	0.35
$\Delta P/(1\% \times N)$	1.34	1.93

表2-8　天然能量分类标准

天然能量	充足	较充足	不足	微弱
$\Delta P/(1\% \times N)$	<0.2	0.2~0.8	0.8~2	>2

3. 油田单储层厚度变化大，平面分布不均匀

KT-Ⅰ层气层有效厚度范围为 1.1～12.76m，平均厚度为 3.49m，分布在 A_2 层的中北部，该层气顶规模较小；KT-Ⅰ 层油层有效厚度范围为 1.05～46.6m，平均厚度16.2m；A_1只发育在油田南部，北部地层缺失；A_2层有效厚度主要分布在油田中南部；A_3层有效厚度主要分在油田中北部（表 2-9、图 2-24）。

表 2-9　KT-Ⅰ层各小层油气层有效厚度统计表

层	流体	平均厚度/m	最小厚度/m	最大厚度/m
A_2	气	3.49	1.1	12.76
KT-Ⅰ	气	3.49	1.1	12.76
$A_1 + A_2$	油	6.53	0.69	31.78
A_3	油	11.35	0.95	30.85
A	油	14.83	0.95	45.39
$Б_1$	油	2.72	0.75	5.65
$Б_2$	油	2.88	0.55	4.6
Б	油	3.02	0.75	8
KT-Ⅰ	油	15.71	0.95	39.85
KT-Ⅰ	气+油	16.19	1.05	46.6

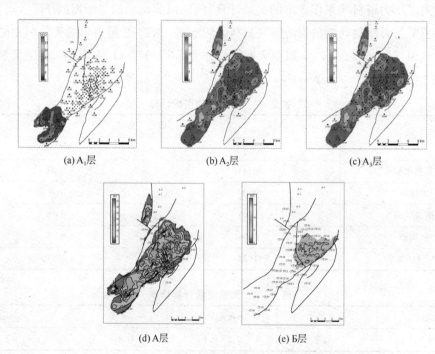

(a)A_1层　　　　(b)A_2层　　　　(c)A_3层

(d)A层　　　　(e)Б层

图 2-24　KT-Ⅰ层油层有效厚度分布图

KT-Ⅱ层含气储层主要分布在上部$\Gamma_\text{上}$层的中北部，有效厚度范围为1.5~24.8m，平均有效厚度为9.77m，该层气顶规模大于KT-Ⅰ层；油层有效厚度范围为0.7~32.3m，平均有效厚度为13.8m，主要分布在油田中部地区，向构造边部油层厚度逐渐减小，如表2-10、图2-25所示。

表2-10　KT-Ⅱ层各小层油气层有效厚度统计表

流体	层	平均厚度/m	最小厚度/m	最大厚度/m
气层	Γ_1	1.72	0.5	4.2
	Γ_2	6.54	0.8	10.9
	Γ_3	4.37	0.7	15.1
	KT-Ⅱ	9.77	1.5	24.8
油层	Γ_1	3.03	0.7	10
	Γ_2	3.54	1	7.5
	Γ_3	5.15	0.7	13.3
	Γ_s	6.3	0.7	18.7
	Γ_4	9.47	1.9	21.9
	Γ_5	4.62	0.6	11.4
	Γ_6	4.31	1.4	13
	Γ_x	13.55	1.9	31.7
	KT-Ⅱ	13.8	0.7	32.3

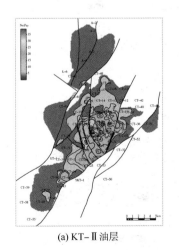

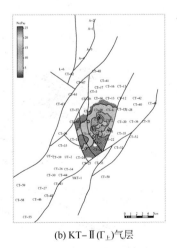

(a) KT-Ⅱ油层　　　　　　　(b) KT-Ⅱ($\Gamma_\text{上}$)气层

图2-25　KT-Ⅱ层油层有效厚度分布图

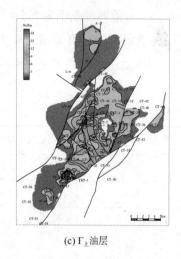

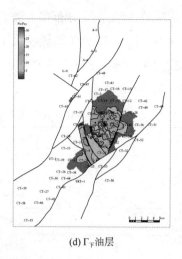

(c) Γ_上油层　　　　　　　　　　　　　　(d) Γ_下油层

图 2 - 25　KT - Ⅱ 层油层有效厚度分布图（续）

　　油田地质特征分析表明，KT - Ⅰ 层为构造控制为主的带小气顶和边底水的层状碳酸盐岩油气藏，局部高渗区为块状构造油藏；KT - Ⅱ 层为构造岩性控制的带气顶和边底水的层状碳酸盐岩油气藏（图 2 - 26、图 2 - 27）。

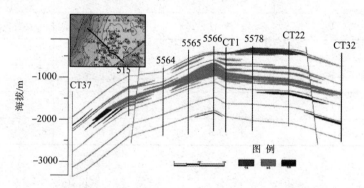

图 2 - 26　NT 油田 KT - Ⅰ 层油藏剖面图

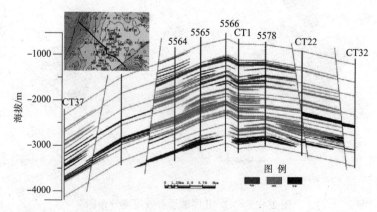

图 2 - 27　NT 油田 KT - Ⅱ 层油藏剖面图

3 储层裂缝发育特征

NT 油田位于哈萨克斯坦境内，露头资料难以获取，而钻井资料分析、流体和压力测试资料分析以及产能资料主要是对裂缝的识别进行辅助验证，难以对全区进行裂缝研究，但油田的岩心和成像测井资料丰富，共有取心井 17 口，成像测井 21 口，且取心和成像测井资料在油田均匀分布，可为裂缝分析提供坚实的基础（图 3 - 1）。因此，本章主要使用岩心、测井和地震资料来识别和表征油田的裂缝发育特征。

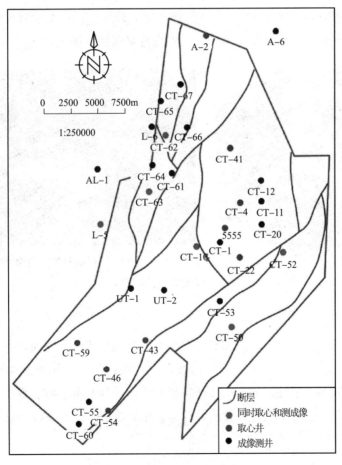

图 3 - 1 NT 油田岩心及成像测井资料井位图

3.1 裂缝的成因特征分析

3.1.1 不同成因裂缝的识别

按成因的分类揭示不同类型裂缝形成的机理，可以为裂缝分布的预测提供指导，是目前裂缝研究的重要分类方案，应用十分广泛。基于岩心和薄片资料，NT油田共识别出构造缝、溶蚀缝和成岩缝3种不同成因类型的裂缝，其中成岩缝又可以进一步细分为层间缝和缝合线。

1. 构造缝

构造缝是在区域构造应力作用下，岩石拉张或挤压超过其弹性限度后形成的破裂。在单应力下，以某一特定方向缝为主，存在少量其他方向缝；在多向应力交汇处，以发育网状缝为主。NT油田构造缝缝壁平直光滑且有一定的延伸，存在主发育方向。岩心和薄片资料显示，油田构造缝以剪切缝为主，几乎不发育张裂缝（图3-2）。

 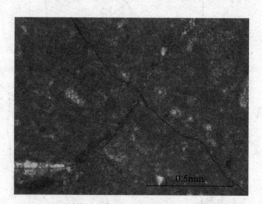

(a)CT-10井，井深2342.71m，构造缝　　　　(b)CT-52井泥晶灰岩，井深2386.89 m,构造缝

图3-2　NT油田构造缝发育特征

2. 溶蚀缝

溶蚀缝是早期构造缝或地层薄弱部位遭受不饱和孔隙流体溶蚀而产生的。只要孔隙流体不饱和且保持流动，溶蚀作用就可以持续进行。因此溶蚀作用可发生于沉积的任何阶段，甚至在沉积同期。溶蚀缝的典型特征是裂缝缝面凹凸不平。按发育位置可分为表生岩溶缝和埋藏溶蚀缝。发育于风化壳表面的称为表生岩溶缝，发育于碳酸盐岩深部的称为埋藏溶蚀缝（图3-3）。

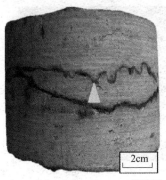

(a)CT-10井，井深2350.58 m，溶蚀缝　　　　(b)5555井泥粉晶云岩，井深2332.84 m,溶蚀缝

图3-3　NT油田溶蚀缝发育特征

3. 成岩缝

成岩缝是沉积物在成岩过程或后期成岩作用改造过程中发育的与构造作用无关或间接相关的裂缝，也称原生的非构造缝。成岩缝的主要特征是其分布受到层理限制，多平行层面发育，不穿层，形状不规则。NT油田发育层间缝和缝合线2种类型的成岩缝。

层间缝就是岩层的层理或面理，一般以低角度顺层缝为主。由于它对流体的运移和聚集也有一定的作用，因此将其归为广义的裂缝。层间缝分布较广，其间距一般为5~7cm，最小间距为1~2cm，常被方解石和泥质等充填（图3-4）。

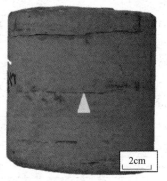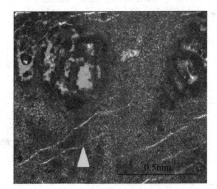

(a)CT-4井，井深2294.90 m，层间缝　　　　(b)5555井残余有孔虫泥晶云岩，井深2347.11m，层间缝

图3-4　NT油田层间缝发育特征

缝合线是在地层上覆压力的作用下，接触的沉积物颗粒间发生选择性溶解而形成的裂缝，可形成于从沉积成岩到深埋的所有阶段。缝合线由缝合面、缝合膜和围岩三个要素组成。缝合线可以发育于各种岩性中，在碳酸盐岩储层中发育十分普遍。缝合线多以平行层面的低角度缝为主，也存在一部分因构造挤压作用而形成的高角度缝（图3-5）。

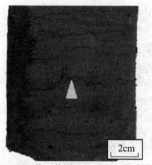

(a)CT-4井，井深2332.62 m，缝合线　　(b)5555井粉晶云岩，井深2335.88m，缝合线

图3-5　NT油田缝合线发育特征

3.1.2　不同成因裂缝的发育特征

成像测井资料难以识别裂缝成因类型，本章基于岩心资料对NT油田KT-Ⅰ层4种成因类型的裂缝进行分析，KT-Ⅰ层取心段共发育各种裂缝2778条，缝合线最为发育，比例高达34.67%，其次为层间缝，发育比例为30.81%，溶蚀缝和构造缝发育比例略低，发育比例分别为24.98%和9.54%（表3-1、图3-6）。

表3-1　取心井不同成因类型裂缝数目统计表

井号	构造缝/条	层间缝/条	缝合线/条	溶蚀缝/条	合计/条
CT-4	22	54	65	34	175
CT-10	32	48	47	43	170
CT-41	14	36	105	61	216
5555	28	89	59	40	216
CT-22	43	64	17	48	172
CT-43	6	30	49	2	87
CT-46	0	9	27	3	39
CT-50	1	42	21	9	73
CT-52	14	119	90	98	321
CT-54	3	19	25	27	74
CT-59	3	8	42	15	68
CT-62	9	58	18	3	88
CT-64	26	68	97	24	215
CT-65	21	43	33	36	133
CT-67	13	99	16	8	136
L-5	8	46	101	22	177
A-2	5	2	12	0	19
合计	265	856	963	694	2778

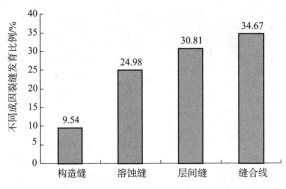

图 3 – 6　NT 油田 KT – I 层不同成因裂缝统计图

3.1.3　不同成因裂缝的空间组合特征

　　由于不同小层裂缝条数统计结果受取心长度影响较大，裂缝条数难以反映单个小层真实的裂缝发育情况，更难以进行不同小层之间裂缝发育情况的对比。因此，本节使用裂缝线密度来定量化评价不同小层裂缝的发育情况，从而尽可能消除取心长度对不同小层裂缝发育情况的影响。为明确裂缝平面分布特征，在单井不同成因裂缝统计的基础上，计算单井不同成因裂缝的线密度，并使用饼图分析不同裂缝的平面分布特征。饼图的大小代表该井总的裂缝线密度的大小，不同颜色的饼图的夹角反映该种成因裂缝在该井上的发育比例。结果显示，构造缝、溶蚀缝和层间缝均更容易发育于构造高部位，而缝合线更容易发育于构造低部位。在各单井上，缝合线和层间缝在全区均比较发育，而构造缝的比例均最低，符合油田非构造缝更发育的特征（图 3 – 7）。

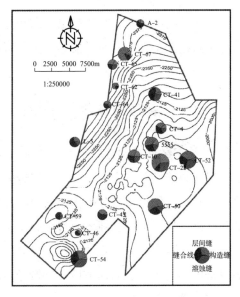

图 3 – 7　NT 油田 KT – I 层不同成因
裂缝平面分布

　　基于对不同小层岩心上裂缝数目的统计，分析 NT 油田 KT – I 层不同小层的裂缝发育特征。通过统计不同小层不同成因的裂缝发育数目发现，缝合线和层间缝是各小层主要的裂缝类型，溶蚀缝随着深度的增加发育比例有逐渐增大的趋势，而构造缝在 A_2、A_3、B_3 和 B_4 小层发育比例较高，其他小层发育比例相对低很多 [图 3 – 8（a）]。通过对 NT 油田岩心上不同成因裂缝线密度的分析，研究出 NT 油田不同成因裂缝的纵向组合特征：各小层主要以层间缝、缝合线和溶蚀缝为主，构造缝在各小层相对不发育 [图 3 – 8（b）]。

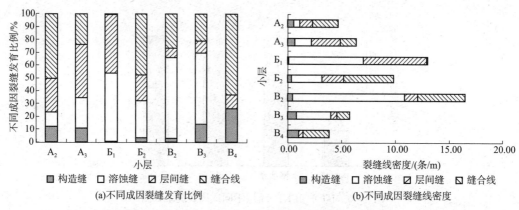

(a)不同成因裂缝发育比例

(b)不同成因裂缝线密度

图3-8 各小层不同成因裂缝所占比例统计直方图

3.2 裂缝的产状特征分析

产状是指物体在空间的产出状态和方位，包括倾角、走向和倾向三个要素。裂缝的走向和倾向相互垂直，因而只描述走向即可知倾向。本节对 NT 油田裂缝的走向和倾角进行详细分析。

3.2.1 裂缝的倾角发育特征

1. 岩心及成像测井上裂缝倾角的判定

根据裂缝倾角与层面的关系对裂缝分类是裂缝评价的一个重要指标。岩心和成像测井均可以对裂缝倾角进行分析，依据裂缝倾角大小，可以将裂缝划分为高角度缝、斜交缝和低角度缝。目前关于 3 种类型裂缝的倾角划分界限仍存在一定争议，依据不同研究区的特征选取的界限值存在一定的差异。为满足常规测井对低角度缝预测的需求，本次分析以 30°和 60°为分界线，对研究区不同倾角的裂缝进行研究。岩心裂缝倾角一般通过观察可直接判定（图3-9）。

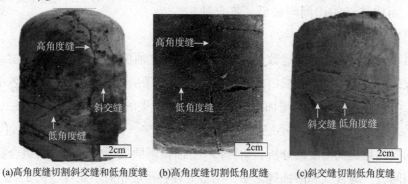

(a)高角度缝切割斜交缝和低角度缝　　(b)高角度缝切割低角度缝　　(c)斜交缝切割低角度缝

图3-9 NT油田KT-Ⅰ层岩心上不同倾角裂缝图

成像测井中裂缝的倾角可以通过裂缝在成像测井上显示的正弦曲线幅度进行分析，正弦曲线幅度高为高角度缝，正弦曲线幅度低为低角度缝（图3-10）。此外，成像测井资料解释时一般都会解释出蝌蚪图，通过蝌蚪图也可以分析成像测井资料中裂缝的倾角，蝌蚪所处位置代表裂缝倾角的大小，蝌蚪图的尾巴代表裂缝的倾向。因此，从成像测井上可以较容易研究裂缝的产状。

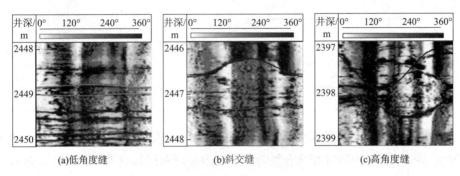

(a)低角度缝　　　　　　　　(b)斜交缝　　　　　　　　(c)高角度缝

图3-10　CT-55井不同倾角裂缝特征

2. 裂缝倾角的发育特征

按照裂缝倾角的分类标准，对工区内17口取心井的裂缝数目进行分类统计。研究区低角度缝最发育，这主要是因为研究区以缝合线和层间缝为主，而这2种裂缝均主要以低角度缝为主，其次为斜交缝，高角度缝相对较少［表3-2、图3-11（a）］。通过对研究区21口成像测井资料进行统计分析，共识别出裂缝1278条，不同倾角裂缝的统计结果与岩心资料统计结果相一致［图3-11（b）］。

表3-2　取心井不同倾角裂缝统计表

井名	低角度缝/条	斜交缝/条	高角度缝/条	合计/条
CT-4	91	21	22	134
CT-10	91	40	25	156
CT-41	97	25	12	134
5555	130	56	8	194
CT-22	126	32	41	199
CT-60	204	0	11	215
CT-62	75	1	8	84
CT-67	124	10	12	146
CT-52	251	45	12	308
CT-43	41	0	6	47
CT-46	15	2	0	17

续表

井名	低角度缝/条	斜交缝/条	高角度缝/条	合计/条
CT - 54	65	7	1	73
CT - 59	23	13	1	37
CT - 64	127	6	15	148
CT - 50	58	4	1	63
A - 2	2	1	5	8
L - 5	89	6	7	102
CT - 65	96	10	27	133
合计/条	2203	332	243	2778

从不同倾角裂缝的成因组成上看，随着裂缝倾角的增大，构造缝发育的比例不断升高，且高角度缝主要以构造缝和缝合线为主，而溶蚀缝和层间缝发育比例不断减小，缝合线比例几乎不变，稳定在40%左右［图3－12（a）］。低角度缝主要以层间缝和缝合线为主，高角度缝主要以构造缝和缝合线为主［图3－12（b）］。

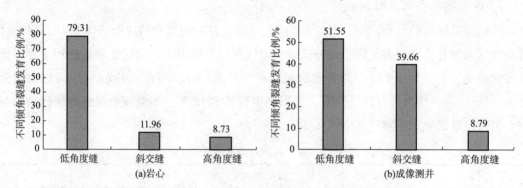

图3－11　NT油田KT－Ⅰ层不同倾角裂缝统计图

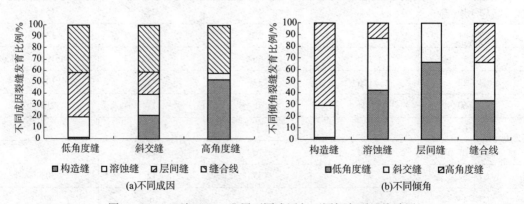

图3－12　NT油田KT－Ⅰ层不同成因与不同倾角裂缝统计图

3. 不同倾角裂缝的空间分布特征

岩心资料可以更准确反映地下的裂缝信息。基于岩心资料绘制饼图分析不同倾角的裂

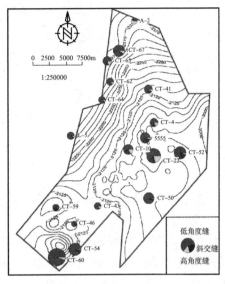

图 3 – 13   NT 油田 KT – Ⅰ 层不同倾角
裂缝分布图

缝在 KT – Ⅰ 层的平面分布特征，不同倾角的裂缝线密度平面分布图表现出 4 个明显的特征：一是构造高部位裂缝更容易发育，如 CT – 10 井、CT – 22 井和 CT – 52 井；二是工区北部比工区南部裂缝更为发育，如南部的 CT – 59 井和 CT – 46 井裂缝线密度值明显小于工区北部的 CT – 67 井和 CT – 22 井等；三是低角度缝在整个研究区均比较发育，而高角度缝和斜交缝主要分布于构造高部位，如 CT – 10、CT – 22、CT – 4 井附近高角度缝较发育（图 3 – 13）。

对不同倾角裂缝在不同小层的发育情况进行统计，结果显示除 B_4 小层外，各小层均以低角度缝为主，低角度缝在各小层的发育比例最高且均大于 65%，其次为斜交缝，高角度缝的比例一般最低。岩心和成像测井资料均显示 KT – Ⅰ 层中部低角度缝最为发育，而 KT – Ⅰ 层的顶底界面处低角度缝相对不发育，斜交缝和高角度缝相对更为发育。从 B_1 小层到 KT – Ⅰ 层顶底界面，低角度缝发育的比例不断减小，斜交缝和高角度缝的发育比例不断增大（图 3 – 14）。

从裂缝线密度特征来看，低角度缝在 Б₁ 和 B_2 小层最为发育，低角度缝的线密度整体上远大于斜交缝和高角度缝的线密度。斜交缝和高角度缝在各小层线密度差异不大，线密度值较小（图 3 – 15）。

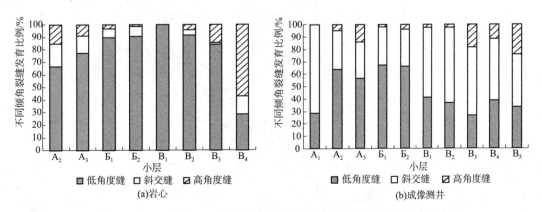

图 3 – 14   NT 油田 KT – Ⅰ 层各小层不同倾角裂缝所占比例统计直方图

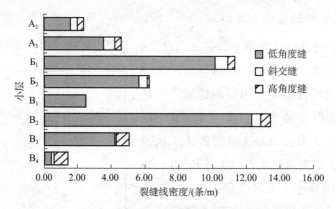

图 3 – 15　各小层不同倾角裂缝线密度统计直方图

3.2.2　裂缝的走向发育特征

本节主要基于成像测井和大尺度裂缝预测结果分析 NT 油田的裂缝走向。成像测井可以提供裂缝发育的走向信息，利用玫瑰图分析 NT 油田裂缝的走向特征表明 NT 油田 KT – Ⅰ层裂缝主走向以北东—南西和北西—南东方向为主，如 CT – 20 井和 CT – 63 井。局部区域的裂缝分布方向主要受到断层方向的控制，与断层走向基本保持一致，如 CT – 11 井和 CT – 66 井（图 3 – 16）。

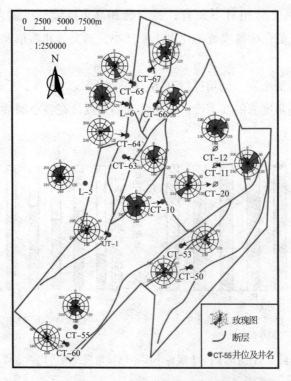

图 3 – 16　NT 油田 KT – Ⅰ层裂缝走向分布图（玫瑰图）

通过使用蚂蚁追踪技术对大尺度裂缝进行预测，结果显示研究区大尺度裂缝主要以北东—南西和北西—南东方向为主（图3–17）。大尺度裂缝走向预测结果与成像测井资料裂缝走向分析结果相一致，反映出研究区构造应力场以北东—南西和北西—南东方向为主的特征。

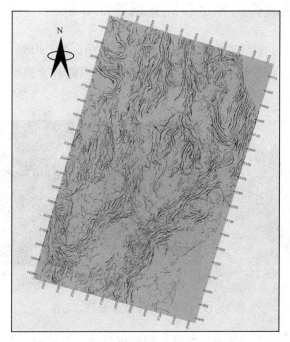

图3–17　NT油田KT–Ⅰ层裂缝走向分布图
（蚂蚁追踪技术）

从各小层裂缝走向的连井剖面图看，纵向上各井在不同小层上方向变化较大，但也主要以北东—南西和北西—南东走向为主（图3–18）。

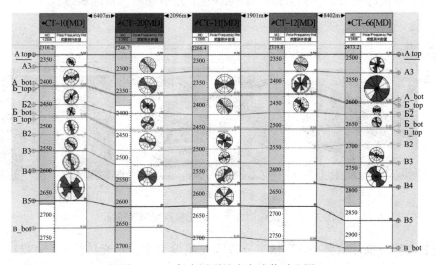

图3–18　各小层裂缝走向连井对比图

3.3 裂缝的充填特征分析

3.3.1 岩心及成像测井上裂缝充填特征分析

裂缝的充填程度对于裂缝的渗流能力有重要的影响，NT 油田裂缝充填程度不一，根据裂缝充填程度差异，将裂缝分为未充填缝、部分充填缝和全充填缝 3 种类型（图 3 – 19）。

(a) 5555 井，深度2337.98m，　(b) CT–4 井，深度2332.62m，　(c) CT–4 井，深度2328.50m，
　　未充填缝　　　　　　　　　　半充填缝　　　　　　　　　　全充填缝

图 3 – 19　不同充填程度裂缝的岩心图

成像测井资料也可以对不同充填程度的裂缝进行较好的识别。不同充填程度的裂缝具有不同的电阻率，在成像测井上的影像颜色深浅会有一定程度的变化。通过对不同影像颜色的分析，可以确定裂缝的充填程度。未充填缝电阻率值低，影像一般为暗色，而充填缝电阻率值高，也称连续高导缝，影像一般为亮色。对于半充填缝，由于存在高电阻率异常，特征与连续高导缝类似，但波形的深色部分十分不规则，且断断续续又模糊（图 3 – 20）。

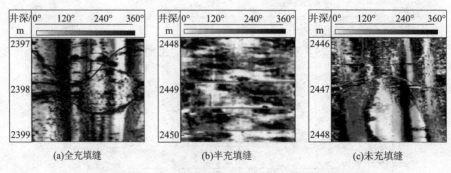

(a)全充填缝　　　　　　　　　(b)半充填缝　　　　　　　　　(c)未充填缝

图 3 – 20　成像测井上不同充填程度裂缝特征

根据岩心裂缝统计结果，研究区主要以未充填缝为主，未充填缝发育 1327 条，全充

填缝1107条，部分充填344条（表3-3）。

表3-3 岩心不同充填类型裂缝数目统计表

井名	未充填/条	部分充填/条	全充填/条	合计/条
CT-4	113	37	35	185
CT-10	81	52	84	217
CT-41	186	0	0	186
5555	81	35	153	269
CT-60	124	3	170	297
CT-62	82	7	29	118
CT-67	124	2	76	202
CT-43	47	5	13	65
CT-50	57	17	13	87
CT-52	101	106	220	427
CT-46	5	2	17	24
CT-54	7	18	77	102
CT-59	18	7	30	55
CT-65	118	30	35	183
CT-64	126	24	59	209
L-5	45	0	96	141
A-2	12	0	0	12
合计/条	1327	344	1107	2778

从岩心充填物分析，充填物质多样，主要包括泥质、方解石、沥青质、白云质和硅质等类型，但大部分充填物为泥质，比例高达99%以上（图3-21）。

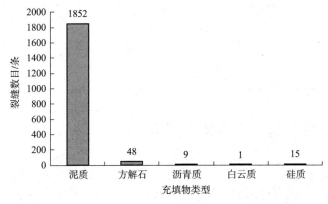

图3-21 岩心不同充填物发育比例

根据成像测井资料对全区单井裂缝充填特征进行统计，结果显示研究区未充填缝最发育，这与岩心统计结果相一致（表3-4）。

表3-4　成像测井单井裂缝充填特征统计

井号	未充填缝/条	部分充填缝/条	全充填缝/条	合计/条
CT-65	34	46	22	102
CT-66	98	0	0	98
CT-55	32	46	2	80
CT-52	8	0	0	8
CT-50	0	0	0	0
CT-53	14	0	0	14
CT-60	12	0	0	12
CT-61	8	0	2	10
CT-62	12	0	0	12
CT-63	64	0	0	64
CT-64	28	0	0	28
CT-67	56	0	0	56
L-5	38	0	0	38
CT-1	30	0	0	30
CT-10	300	0	0	300
CT-11	30	30	0	60
CT-12	106	0	0	106
CT-20	30	10	0	40
AL-1	2	2	0	4
L-6	84	0	0	84
A-5	118	0	0	118
A-6	14	0	0	14
合计/条	1118	134	26	1278

3.3.2　不同充填程度裂缝的空间组合特征

对研究区裂缝充填程度平面分布特征进行分析发现，构造高部位充填缝的比例远高于构造低部位。一般而言，裂缝形成时间越早越容易被充填，反映出构造高部位裂缝发育早的特征（图3-22）。

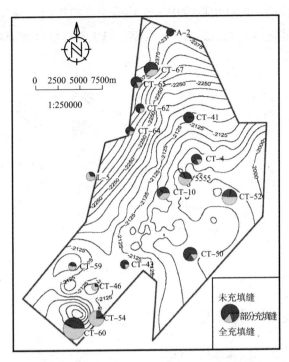

图 3 – 22　NT 油田 KT – I 层裂缝充填程度平面分布图

　　对不同充填程度的裂缝分小层进行统计，各小层充填程度差异较大，KT – I 层中部的 B_1 小层充填比例最高，高达 97.56%，以充填缝为主。而在 KT – I 层的顶底界面处充填较弱，以未填缝为主 ［图 3 – 23 （a）］。不同小层不同充填程度裂缝的线密度值也表现为在 KT – I 层中部以充填缝为主，在 KT – I 层顶底界面处以未充填缝为主的特征 ［图 3 – 23 （b）］。

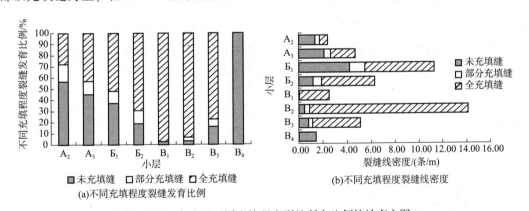

(a)不同充填程度裂缝发育比例　　　　(b)不同充填程度裂缝线密度

图 3 – 23　各小层不同充填程度裂缝所占比例统计直方图

　　在分析裂缝成因、产状、充填程度的基础上，综合分析三种评价因素之间的关系，即裂缝充填程度与裂缝产状及裂缝成因的关系。裂缝充填程度与产状、成因存在一定关系，在充填与产状分析图上可以明显看出，虽然不同倾角的裂缝均以未充填缝为主，但低角度缝中全充填缝的比例较高，而高角度缝中未充填缝发育的比例较高（图3-24）。从成因上分析，构造缝和层间缝以未充填缝为主，而溶蚀缝大部分已经被充填，缝合线几乎全部被充填。

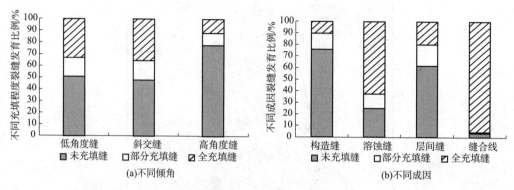

图3-24　充填情况与倾角、成因综合分析

3.3.3　有效缝发育特征分析

有效缝是指能够对地下流体渗流起到促进作用的裂缝。有效缝主要指未充填缝，该类裂缝对油藏开发影响较大，既能促进油气渗流，提高油气产能，但同时也会给注水开发带来水窜等一系列的问题，一直是油藏裂缝研究的重点问题。因此，裂缝表征工作需要重点针对有效缝开展研究。

1. 有效缝发育特征

对有效缝按成因进行统计，发现有效缝主要由层间缝、构造缝和溶蚀缝组成，其比例分别为60.11%、20.40%和18.31%，只发育极少的缝合线（图3-25）。

对有效缝的倾角特征进行统计，发现低角度缝最发育且比例高达76.50%，高角度缝和斜交缝发育比例分别为12.66%和10.84%（图3-26）。

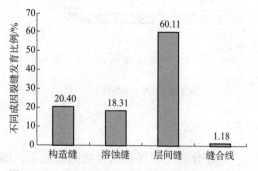

图3-25　有效缝不同成因类型裂缝发育比例图

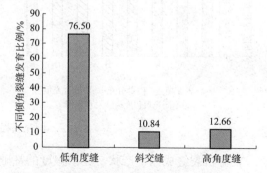

图3-26　不同倾角有效缝发育比例图

综合分析有效缝成因和产状的关系发现，高角度和斜交有效缝主要为构造缝，低角度

有效缝以层间缝为主。因而裂缝预测时，高角度缝和斜交缝的预测主要针对构造缝，而低角度缝的预测以层间缝为研究对象（图3－27）。

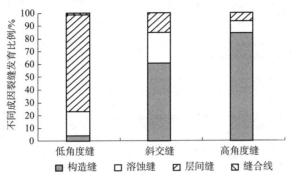

图3－27 不同倾角和不同成因有效缝发育关系图

2. 有效缝的空间分布特征

在明确裂缝成因、产状、充填特征等平面分布规律的基础上，为了更好表征有效缝的发育和分布特征，明确裂缝对地下流体的影响，将单井岩心有效缝线密度投影到各井的平面位置，分析有效缝的平面发育特征。根据有效缝线密度情况，油田北部有效缝更为发育，北部的背斜高部位和背斜低部位整体有效缝发育差异不大，均较发育。构造高部位和构造低部位有效缝的成因存在差异：北部构造高部位有效缝较发育主要受构造位置控制，如CT－22井和CT－10井等，而构造低部位有效缝较发育主要沿断层分布，如CT－67井和CT－62井等；南部有效缝相对不发育，有效缝线密度整体较低，如井CT－46和井CT－54等（图3－28）。

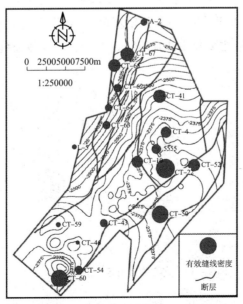

图3－28 NT油田KT－Ⅰ层岩心单井有效裂缝线密度分布图

为明确有效缝的纵向分布特征，通过取心资料分析各小层有效缝线密度表明，NT 油田在 KT-Ⅰ层中部有效缝线密度最大，即有效缝最发育，而在 KT-Ⅰ层顶底界面处有效缝线密度最小，有效缝最不发育（图 3-29）。

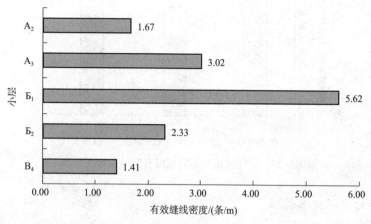

图 3-29　各小层有效缝线密度统计直方图

3.4　裂缝的开度和长度发育特征

裂缝的开度和长度是影响地下油气渗流的重要参数，开度决定渗流能力的强弱，长度影响油气运移的范围。按大于 1mm 的裂缝为大缝，0.1~1mm 为小缝，小于 0.1mm 为微缝这一标准，对油田裂缝开度进行分类统计，结果显示裂缝开度介于 0.1~1mm 之间的小缝条数最多，其次是开度大于 1mm 的大缝较发育，小于 0.1mm 的微缝发育较少 ［图 3-30（a）］。岩心裂缝的长度主要集中在 0~40cm 之间，极少数裂缝长度大于 40cm ［图 3-30（b）］。

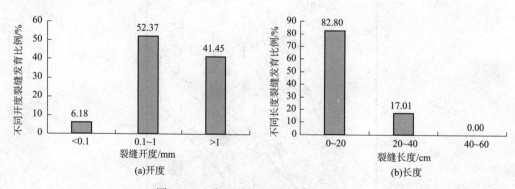

图 3-30　岩心裂缝开度、长度统计特征

受岩心地应力释放的影响，岩心上裂缝的开度明显比地下真实裂缝开度大，但成像测

井受地应力释放的影响小，比较接近真实地下裂缝开度值。因而，成像测井的开度与岩心开度大小差异很大，这里将成像测井裂缝张开度划分为 4 个等级：<0.001mm，微裂缝；0.001~0.01mm，小缝；0.01~0.1mm，中缝；>0.1mm，大缝。KT-I层成像测井裂缝开度以小缝和中缝为主，大缝比例较少 [图 3 - 31 (a)]。裂缝长度大多数在 0~30cm 之间 [图 3 - 31 (b)]。

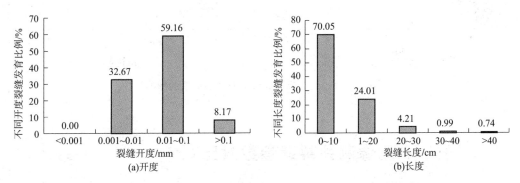

图 3 - 31　NT 油田 KT-I 层成像测井裂缝开度、长度分布统计图

裂缝的开度与裂缝成因和产状也存在一定的关系，分析不同成因裂缝的开度可发现整体上从溶蚀缝到构造缝再到层间缝裂缝开度逐渐减小 [图 3 - 32 (a)]。分析不同产状裂缝的开度表明随裂缝倾角逐渐增大，裂缝开度也逐步变大 [图 3 - 32 (b)]。

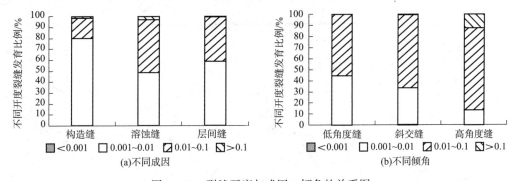

图 3 - 32　裂缝开度与成因、倾角的关系图

3.5　裂缝的孔隙度和渗透率

通过收集岩心孔渗测试资料，分析 NT 油田裂缝成因和产状对孔隙度与渗透率关系的影响，结果表明油田不同成因裂缝对渗透率改善效果存在一定差异，溶蚀缝改善作用最强，其次是构造缝，层间缝改善作用最弱 [图 3 - 33 (a)]。裂缝产状对渗透率也有一定的影响，裂缝倾角越大对储层渗透率改善越显著 [图 3 - 33 (b)]。

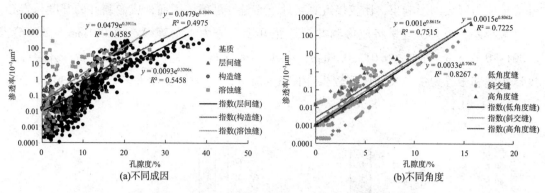

(a)不同成因   (b)不同角度

图 3-33 裂缝成因和倾角对孔渗关系的影响

3.6 岩心和成像测井裂缝参数对比

3.6.1 岩心和成像测井资料裂缝线密度对比

将岩心裂缝线密度与成像测井裂缝线密度叠合显示，发现岩心单井裂缝线密度平面分布规律与成像测井单井裂缝线密度平面分布规律基本一致（图 3-34）。整体上油田北部

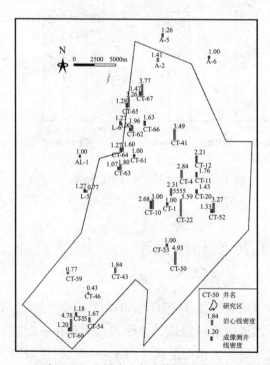

图 3-34 NT 油田 KT-Ⅰ层岩心与成像测井裂缝线密度平面分布

较南部裂缝更为发育，其中北部 CT – 10 井到 CT – 12 井周缘裂缝最为发育，而南部裂缝线密度大小明显整体偏低，裂缝相对不发育。由于岩心来源于地下，最为直观和清楚，能最真实的反映地下裂缝发育情况，而成像测井是电导率成像，受分辨精度限制，存在部分地下裂缝在成像测井上难以识别的现象，因而岩心裂缝线密度值要大于成像测井裂缝线密度值。

通过对比既有取心资料又有成像测井资料井段取心和成像测井资料裂缝线密度值的大小发现，成像测井的裂缝线密度值和岩心裂缝线密度值相差较大。为了更为准确地评价地下裂缝发育情况，以岩心为基础对成像测井的裂缝线密度进行校正。通过对不同小层岩心和成像测井资料裂缝线密度进行对比，发现岩心裂缝线密度值约为成像测井裂缝线密度值的 2 倍（表 3 – 5）。

表 3 – 5 岩心与成像裂缝线密度对比

层位	岩心平均裂缝线密度/（条/m）	成像测井平均裂缝线密度/（条/m）	参与统计的深度点数	校正倍数
A_2	5.4	2.7	19	2.0
A_3	6.9	3.1	14	2.2

3.6.2 岩心和成像测井资料裂缝开度对比

地面条件下岩心释放上覆地层压力，导致裂缝开度偏大，使岩心裂缝开度在数量级上跟成像测井裂缝开度差异较大（表 3 – 6），所以需要利用成像测井裂缝开度数据对岩心裂缝开度数据进行校正，以便二者统一。

表 3 – 6 单井岩心与成像裂缝平均开度对比表

井号	岩心			成像测井			校正倍数
	层位	条数	平均开度/mm	层位	条数	平均开度/mm	
CT – 10	A_2	57	0.85217	A_2	48	0.02301	37.0
	A_3	41	0.69286	A_3	54	0.02242	30.9
	$Б_1$	10	0.43333	$Б_1$	44	0.01423	30.5
CT – 67	A_3	6	1.63429	A_3	4	0.00703	232.5
CT – 62	A_3	3	0.21111	A_3	2	0.00984	21.5
L – 5	A_2	14	1.16250	A_2	2	0.00924	125.8
	A_3	10	0.15000	A_3	4	0.00840	17.9
	$Б_2$	2	0.10000	$Б_2$	3	0.00940	10.6

岩心与成像测井裂缝开度校正主要是利用同时具有岩心和成像测井资料的井按小层进行分析对比，对井上岩心的开度数据和成像测井的开度数据按小层求取平均开度值，然后

通过对比岩心和成像测井裂缝开度值求取裂缝开度校正量，并使用该校正值对岩心上裂缝开度进行校正（表 3 –7）。整体上岩心裂缝开度校正量由 $A_2 \sim Б_2$ 有递减趋势，校正倍数在 10 ~ 60 倍左右。

表 3 –7　不同小层岩心与成像裂缝开度对比

层位	A_2	A_3	$Б_1$	$Б_2$
岩心平均开度/mm	1.00734	0.67207	0.43333	0.10000
成像平均开度/mm	0.01613	0.01192	0.01423	0.00940
校正倍数	62.5	56.4	30.5	10.6

4 注水开发现状与开发新思路

NT 油田属于典型的裂缝孔隙型碳酸盐岩油藏。地层能量补充之后，导致地层压力下降较快，油田开始注水补充能量开发时中暴露出水窜和气窜等问题，注水效果不尽理想。本章从特征、原因、带来的问题和解决办法等四个层面深入剖析 NT 油田水窜和气窜的难题。针对"注水水窜、不注水气窜"的矛盾，在详细分析地层压力下降和恢复过程中溶解气油比的变化规律的基础上，提出低压力保持水平下注水开发思路，并阐述其内涵和意义。

4.1 油田总体生产特征

NT 油田于 2008 年开始试采，2012 年 5 月结束。2012 年 6 月正式投入开发，并于 2013 年 4 月开始实施注水。截至 2018 年 6 月，累积注采比为 0.21，累积产油量为 1293 × 10^4t，采出程度为 6.5%，综合含水率为 36.86%。油田生产过程中表现出以下特征：

1. 注水滞后且不足，地层亏空严重，地层压力保持水平低

油田初期为衰竭开发，后期虽然开始注水，但注水滞后且不足，地层亏空仍然较大。KT-Ⅰ层的亏空体积在 2014 年前呈急剧上升的趋势，之后保持稳定，未见继续扩大，说明注采保持平衡；KT-Ⅱ层的亏空体积一直呈增大的趋势，说明注采不平衡的情况仍较严重（图 4-1）。目前 KT-Ⅰ层和 KT-Ⅱ层的地层压力保持水平分别为 61% 和 55.6%，保持水平整体偏低。

2. 受地层能量不足和原油脱气的影响，油田产量递减快

地层压力持续下降，一方面促使油田产量持续递减，另一方面导致原油脱气（弱挥发性原油极易脱气），而原油脱气又进一步加剧产量递减（图 4-2）。2014 年以前油田的自然递减率和综合递减率逐年上升，随后开始下降并保持平稳。目前油田的自然递减率为 15.1%，综合递减率为 12.1%（图 4-3）。油田递减率下降主要是因为注水使地层能量有所恢复。

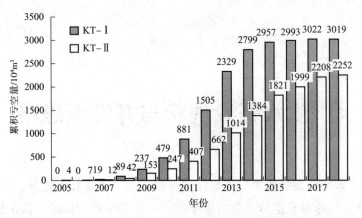

图 4 - 1　NT 油田地层亏空图

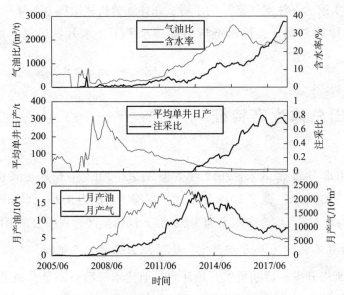

图 4 - 2　NT 油田生产历史图

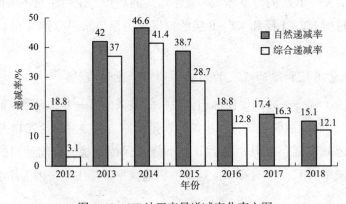

图 4 - 3　NT 油田产量递减变化直方图

3. 水窜问题突出，部分油井水淹关停，注水开发效果显著变差

2013 年开始注水以来，注采比一直维持在较低水平（低于 0.8），但油井含水率却呈现逐年上升的趋势，目前油田平均含水率为 36.86%（图 4 - 2）。部分油井由于含水率过高已经水淹关停，导致注水开发效果持续变差。

4.2 油井产能特征和评价

油井产能评价对合理配产、生产制度确定和生产动态预测具有重要的意义，本节利用试井和生产资料分析油井产能变化规律，结合地质特征研究其主控因素，建立油井分类标准，并据此对油井分类，进而把握油田整体产能状况。

4.2.1 油井产能特征

油田开发以来共进行系统试井 63 井次，其中 KT - Ⅰ 层 39 井次，KT - Ⅱ 层 24 井次（表 4 - 1）。根据历年系统试井确定油井采油指数与米采油指数，随着地层压力不断降低，油井产能逐年下降，2012 年 KT - Ⅰ 层与 KT - Ⅱ 层的平均采油指数分别为 6.5m³/(d·MPa) 和 11.6m³/(d·MPa)、平均米采油指数分别为 0.75m³/(d·MPa·m) 和 1.18m³/(d·MPa·m)。

表 4 - 1　油田历年地层压力与采油指数变化

年份	井次		地层压力/MPa		采油指数/[m³/(d·MPa)]		米采油指数/[m³/(d·MPa·m)]	
	KT - Ⅰ	KT - Ⅱ	KT - Ⅰ	KT - Ⅱ	KT - Ⅰ	KT - Ⅱ	KT - Ⅰ	KT - Ⅱ
2005		1	23.19	31.28		20.2		3.36
2006	1		23.19	31.28	37.4		0.72	
2007	2	2	23.19	31.0	146.5	40.7	6.39	5.58
2008	3	4	22.1	29.0	15.2	14.5	0.35	1.36
2009	13	5	19.5	27.1	91.3	15.3	6.54	1.89
2010	7	3	20.7	26.5	75.9	12.4	8.44	0.80
2011	11	6	19.2	24.2	17.4	4.8	1.44	0.96
2012	2	3	19.1	24.1	6.5	11.6	0.75	1.18

油田开发初期单井产量高，但递减快，由 2007 年的 181t/d 下降到 2015 年的 12.2t/d（图 4 - 4）；油井初产经历两次下降阶段，整体呈下降趋势，初产由 2007 年的 123t/d 下降

至 2015 年的 13.5t/d（图 4-5）。油田递减逐年加大，自然递减率由 2012 年的 18.8% 增加到 45.6%，综合递减率由 3.1% 上升到 31.9%（图 4-6）。

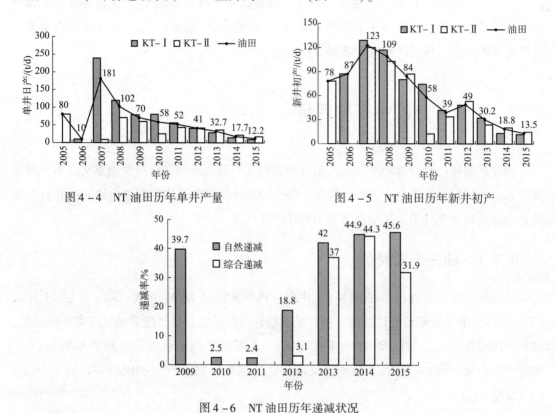

图 4-4　NT 油田历年单井产量　　　　图 4-5　NT 油田历年新井初产

图 4-6　NT 油田历年递减状况

4.2.2　产能控制因素

NT 油田产能受多因素综合影响，主要体现在以下几个方面：

1. 沉积与成岩相带

KT-Ⅰ 层与 KT-Ⅱ 层为陆棚、碳酸盐岩台地相沉积，可分为 4 个亚相（蒸发台地、局限台地、开阔台地和碳酸盐岩—碎屑岩陆棚）和 10 个微相（膏盐湖、膏云坪、白云坪、灰坪、粒屑滩、潟湖、台内滩、藻礁、滩间海及灰质—泥质陆棚）。其中，白云坪、粒屑滩、台内滩、藻礁为优势相，相关沉积相井段产量较高。

KT-Ⅰ 层 CT-11 井 Б 小层为局限台地亚相，包括粒屑滩、潟湖、云坪三个微相（图 4-7）。该井有四个射孔井段：2342～2352m、2325～2328m、2325～2328m 和 2385～2390m。根据产液剖面可看出，云坪微相对应井段产液量为 54.5m³/d，远高于潟湖微相（9.7m³/d）和粒屑滩（4.0m³/d）对应井段产液量（图 4-8）。

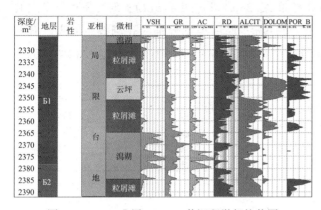

图 4-7 KT-Ⅰ层 CT-11 井沉积微相柱状图

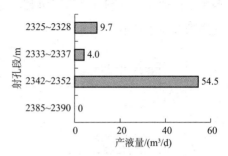

图 4-8 KT-Ⅰ层 CT-11 井产液剖面

KT-Ⅱ层 5598 井 Γ_3 小层为开阔台地沉积亚相，发育滩间海、台内滩、藻礁三个微相（图 4-9）。该井有两个射孔井段：3153~3157m 和 3146~3150m。根据产液剖面可看出，藻礁微相所对应井段产量明显高于台内滩微相（图 4-10）。

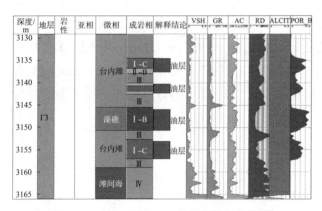

图 4-9 KT-Ⅱ层 5598 井沉积微相柱状图

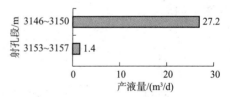

图 4-10 KT-Ⅱ层 5598 井产液剖面

2. 储层类型

将 69 井次的产液剖面测试结果根据不同储层类型进行统计，发现孔洞缝复合型储层所占产能比例最高，平均达 42%；不连通型最低，仅为 4%；孔洞缝复合型储层对产能贡献率最大（图 4-11）。

545 井有两个射孔段：2344~2352m 和 2380~2385m，储层类型分别为孔洞缝复合型和孔洞型。根据生产测井结果对比可知，孔洞缝复合型井段

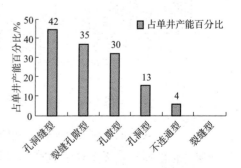

图 4-11 不同类型储层产能贡献率

产液量为 27.03m³/d，高于孔洞型井段产液量 23.28m³/d（图 4 - 12）；507 井有三个射孔段：2327 ~ 2349m、2322 ~ 2325m 和 2373 ~ 2379m，储层类型分别为孔洞缝复合型、孔隙型和不连通型，孔洞缝复合型井段产液量占全井段的 86%，孔隙型井段仅占 14%，而不连通型井段不产液（图 4 - 13）。

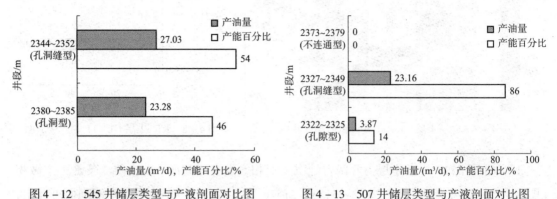

图 4 - 12　545 井储层类型与产液剖面对比图　　　图 4 - 13　507 井储层类型与产液剖面对比图

3. 储层非均质性

NT 油田储层平面上物性变化快，产能差别较大，甚至部分油层试油无产能。油田在初期共进行试油测试 227 井次，有产能井 151 井次，平均初产为 123.5t/d；KT - Ⅰ层共测试 106 井次，有产能井 87 口，平均初产为 132t/d，初产主要集中在为 2 ~ 130t/d，占 64%；KT - Ⅱ层共测试 121 井次，有产能井 64 口，平均初产为 111t/d，初产分布较为均匀（图 4 - 14）。

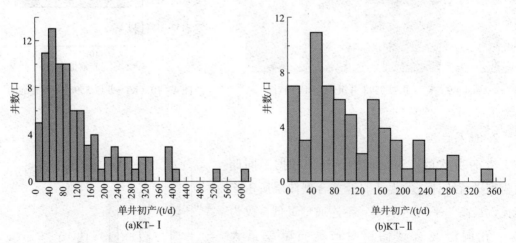

图 4 - 14　KT - Ⅰ层与 KT - Ⅱ层测试井段初产分布直方图

KT - Ⅰ层共试油测试 106 井次，单井试油产量最高可达 603t/d，有 17 口井测井解释为油层，但酸压后仍无工业油流产出（图 4 - 15）。结合储层渗透率分布图可以发现，储层物性对油井产能具有主要的影响，高产井主要分布在厚度大且渗透率高的构造高部位，而试油无产能井主要分布在储层的边部，个别井位于储层不发育的中部，储层薄、连通性与物性差，试油效果不理想（图4-16）。

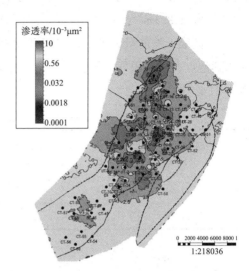

图4-15 KT-Ⅰ层油层厚度和单井试油
高峰值平面分布图

图4-16 KT-Ⅰ层渗透率分布图

KT-Ⅱ层共试油测试121井次，其中$\Gamma_{上}$层共试油57井次，29口井测井解释为油层，但测试无产能；$\Gamma_{下}$层共试油64井次，28口井测试无产能，$\Gamma_{上}$与$\Gamma_{下}$层试油最高日产分别为237t/d和349t/d，与KT-Ⅰ层类似，高产井主要分布在厚度大且渗透率高的构造高部位，而无产能井主要分布在储层的边部，试油层段储层薄、物性差、油水关系复杂，试油效果较差（图4-17、图4-18）。

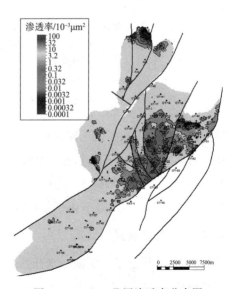

图4-17 KT-Ⅱ层油层厚度和单井试
油高峰值平面分布图

图4-18 KT-Ⅱ层渗透率分布图

4. 地层能量与流体性质

油田 KT-Ⅰ与 KT-Ⅱ 层地饱压差小，分别仅为 3.6MPa 和 3.45MPa；原始溶解气油比较高，分别为 228.1m³/t 和 298.1m³/t；原油收缩率较大，分别为 34.3% 和 41.4%（表4-2）。储层天然能量不足，衰竭式开发地层压力不能得到及时补充而下降较快，原油极易达到泡点而发生脱气，导致原油物性和地层中流体渗流特征发生改变，从而影响油井产能（图4-19）。

表4-2　油田油藏参数表

层系	地层压力/MPa	地层温度/℃	泡点压力/MPa	地饱压差/MPa	收缩率/%	气油比/(m³/t)
KT-Ⅰ	24.14	54	20.54	3.6	34.3	228.1
KT-Ⅱ	31.99	70	28.54	3.45	41.4	298.1

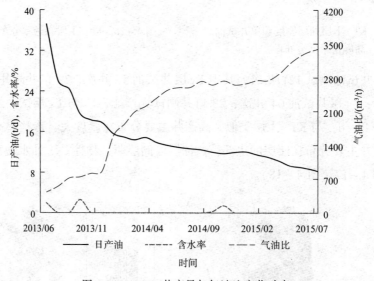

图4-19　7671 井产量与气油比变化动态

通过试井分析得知，由于原油脱气，油井采油指数随着地层压力的降低而降低。515井地层压力从 21.6MPa 下降至 10.2MPa，米采油指数由 5.53t/(d·MPa·m) 降至 0.54t/(d·MPa·m)（图4-20）；CT-3 井地层压力从 22.1MPa 下降到 14.9MPa，米采油指数由 0.74t/(d·MPa·m) 降至 0.09t/(d·MPa·m)（图4-21）。

5. 注水与措施改造

油田于 2013 年上半年实施注水开发，注水一段时间后，部分油井开发效果得到改善。在注水见效后，7675 井气油比由 2566m³/t 降为 377m³/t，日产油由 30t/d 上升至 47t/d，油井生产气油比得到控制或下降，产油量回升（图4-22）。

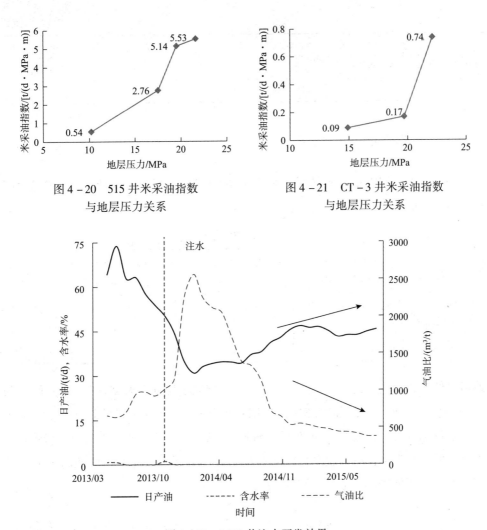

图 4 - 20 515 井米采油指数
与地层压力关系

图 4 - 21 CT - 3 井米采油指数
与地层压力关系

图 4 - 22 7675 井注水开发效果

自 2012 年以来，油田进行措施改造 207 井次，包括补孔、酸化、酸压、堵水和连续油管氮气助排等措施，相当一部分油井措施改造取得较好效果，单井平均日增油 11.5 t/d，累计增油 21.8×10^4 t（表 4 - 3）。

表 4 - 3 油田措施改造效果

措施	井次	有效井次	井数/口	单井日增产油/(t/d)	累计增油/10^4t
补孔	34	22	25	19.4	5.9
酸化	75	44	21	11.4	4.0
酸压	16	11	9	9.6	1.8
井下工具检修	13	9	13	3.8	2.2
堵水	21	12	17	11.8	4.3

续表

措施	井次	有效井次	井数/口	单井日增产油/(t/d)	累计增油/10^4t
连续油管氮气助排	48	43	42	9.6	3.7
合计	207	141	127	11.5	21.8

4.2.3　油井产能评价标准

根据油井产能控制因素分析结果，将主要影响因素进行量化，建立油井产能评价标准，对油田147口生产井进行产能分类（表4-4）。

表4-4　油田产能分类标准

产能分类	初期产量/(t/d)	初期气油比/(m³/t)	油层厚度/m	孔隙度/%	渗透率/$10^{-3}\mu m^2$	米采油指数/[t/(d·MPa·m)]	井数/口	比例/%
高产	57～230	228～900	10.1～19.7	10.1～13.8	31～148	>5.0	12	8.2
中产	33～98	370～1200	7.9～17.7	8.9～13.3	17～69	1.0～5.0	39	26.5
低产	5～43	560～2450	4.5～13.3	8.4～12.7	0.5～43	<1.0	96	65.3

油田以低产井为主，共96口井，占65.3%，初期平均日产为21t/d，目前平均日产仅6.1t/d；中产井共39口井，占26.5%，初期平均日产为69t/d，目前日产为21.7t/d；高产井最少，仅12口，占8.2%，初期平均日产为183t/d，目前日产41.2t/d（图4-23）。KT-Ⅰ层以低产井为主，占该层总井数的73%；KT-Ⅱ层高产井所占比例高于KT-Ⅰ层，而低产井所占比例低于KT-Ⅰ层（图4-24）。

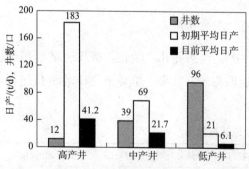

图4-23　NT油田不同类别油井产量与井数

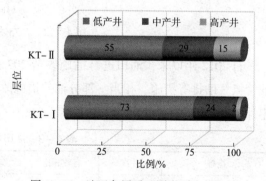

图4-24　油田各层系不同类别油井比例

4.3　油田水窜问题

注入水或地层水沿裂缝贯穿到油井井底的现象，称为裂缝水窜。对于裂缝孔隙型碳酸盐岩油藏，这种现象比较普遍。裂缝水窜直接影响油井产能，可能导致油井水淹关井，不利于油藏开发。

4.3.1 油田产水特征

NT 油田在生产过程中表现出以下产水特征：

（1）早期衰竭开发时油井含水率极低，开始注水之后，KT–Ⅰ层、KT–Ⅱ层和油田的含水率均急剧上升，含水率与日注水量呈显著的正相关关系（图 4–25）。这说明油井产水主要来自注入水，发生注入水水窜的可能性较大。目前，油田综合含水率为 36.86%，含水上升率为 44.1%，呈继续上升的趋势（图 4–26）。

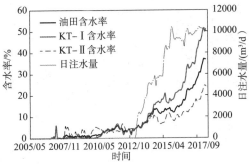

图 4–25 NT 油田含水率与注水变化动态图

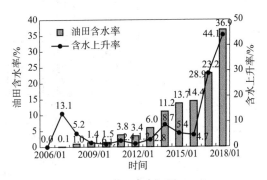

图 4–26 NT 油田含水率及其上升率柱状图

（2）将 NT 油田采油井的注水受效情况分为好、一般、先好后差和差四类，对应于注水受效Ⅰ类、Ⅱ类、Ⅲ类和Ⅳ类。分类统计采油井的注水受效情况，结果表明：采油井注水受效的差异较大，四类受效情况的采油井均占有一定比例，但以Ⅲ类和Ⅳ类为主（图 4–27），因而整体上 NT 油田的注水受效程度较低，有待调整改善。

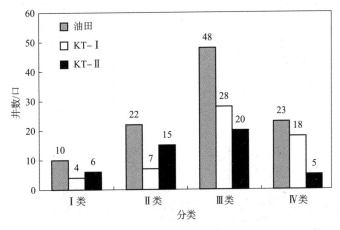

图 4–27 NT 油田注水受效油井的分类统计图（2018 年 6 月）

（3）通常含水率介于20%~50%之间的采油井为中含水油井，含水率大于50%的采油井为高含水油井。统计开始注水以来中高含水采油井井数的变化情况，可以看出中含水油井呈现平稳上升的趋势，高含水油井呈现先增后减的趋势。目前中含水和高含水油井分别为49口和21口（图4-28）。因此，NT油田的中高含水油井较多。如果加上水淹关停井，中高含水油井所占比例会更高。

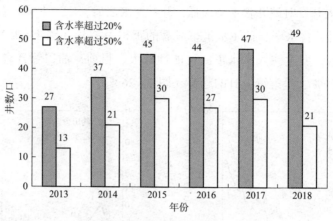

图4-28　NT油田中高含水油井统计图

4.3.2　油田水窜原因

按照油井产水来源，可将水淹分为两种类型：注入水水淹和地层水水淹。统计NT油田两种水淹类型的情况，地层水水淹和注入水水淹分别为5口和16口，以注入水水淹为主，地层水水淹为辅（图4-29），符合前面的认识，即：油井产水主要来自注入水，而非地层水。同时，KT-Ⅰ层的水淹井数比KT-Ⅱ层多，尤其是注入水水淹油井远多于KT-Ⅱ层，说明KT-Ⅰ层的注入水水淹更严重。

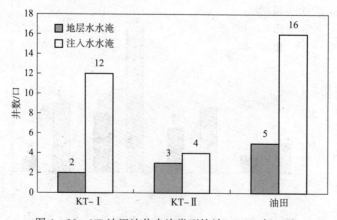

图4-29　NT油田油井水淹类型统计（2018年6月）

以601井为例,注入水水淹油井表现为油井见水后产油量急剧下降,含水率急剧上升直至水淹关井(图4-30)。从KT-Ⅰ层高含水油井的分布情况来看,其与裂缝孔隙型储层的分布接近(图4-31),因此注入水沿裂缝发生水窜是NT油田含水率上升的主要原因。

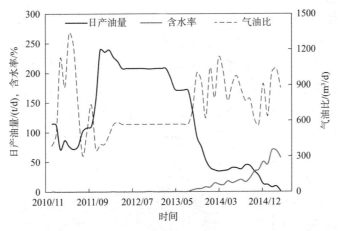

图4-30　NT油田典型注入水水淹油井的生产动态(601井)

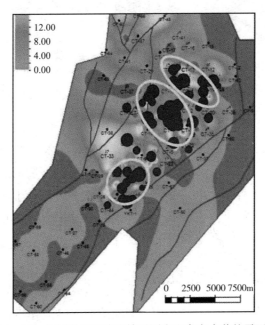

图4-31　KT-Ⅰ层裂缝孔隙型储层厚度和高产水井的平面分布图

4.3.3　水窜影响因素分析

影响油井含水的因素很多,总体主要受到地质和开发因素影响,具体表现在以下几个方面:

1. 储层类型

结合储层类型分布图，在平面上注入水水淹油井主要分布在油田北部构造高部位，该区域裂缝和溶洞较为发育，注入水易在孔缝洞复合型和裂缝—孔隙型储层中窜进。油田注水后，不同类型储层油井水淹特征表现出差异，一方面表现为水淹顺序不同，另一方面水淹具有方向性。由于水淹特征不同，油井见水时间与含水上升速度存在差别。

根据油田注采单元受效情况分析，不同类型储层油井受效顺序不同，注入水优先进入溶洞和裂缝发育的大孔隙高渗通道，根据储层类型油井受效次序为：孔缝洞复合型＞裂缝—孔隙型＞孔隙型。以 531 井组为例，该井组于 2013 年 12 月开始注水，在 530 井和 532 井区发育溶洞属于孔洞缝复合型储层，该区注水最先见效，发生暴性水淹而关井，其次为发育裂缝—孔隙型储层的 745 井和 544 井，而位于孔隙型储层的 519 井最后见效（图 4 - 32、图 4 - 33）。

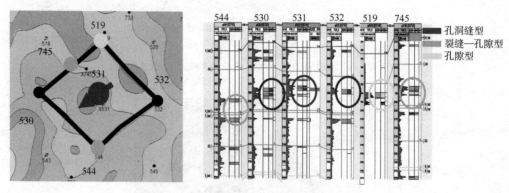

图 4 - 32　531 井组平面分布与储层类型图

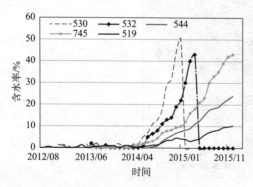

图 4 - 33　531 井组油井含水率变化

此外，注入水水淹具有方向性，注入水易沿裂缝突进，造成裂缝发育区油井见水较快，且见水后含水上升速度大而迅速进入高含水期，而孔隙型储层油井见水较慢，若同一注采单元存在孔隙型与裂缝—孔隙型两种储层类型，甚至出现注入水沿裂缝突进而被采出，造成裂缝—孔隙型储层油井水淹严重，而孔隙型储层油井不见效的现象以 5545 井组为例，该井组于 2013 年 12 月开始注水，西部发育裂缝—孔隙型储层，注水后 7474 井和 7545 井见效，而其他孔隙型储层油井注水不见效（图 4 - 34、图 4 - 35）。

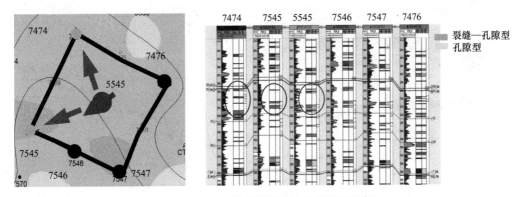

图 4 – 34 5545 井组平面分布与储层类型图

2. 注水强度

油田实施注水开发以后，地层能量得到补充，部分油井开发效果得到改善，但是高强注水会造成水窜严重，从而导致油井含水上升过快，分析井组注水开发效果发现，温和注水可较好的控制含水上升速度，而高强注水加剧注入水向油井窜流。井组注采比对油井含水变化产生显著影响，注水实施注水半年后油井见效，增加井组注水强度，油井含水快速上升；而后降低注水强度，含水上升速度得到控制（图 4 – 36）。

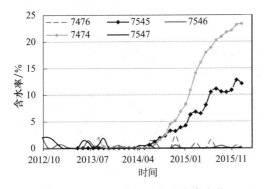

图 4 – 35 5545 井组油井含水率变化

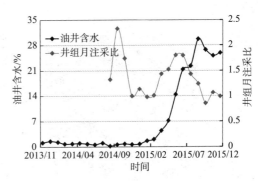

图 4 – 36 528 井组月注采比与
767 油井含水率变化

3. 储层非均质性与注水方式

储层纵向上非均质性强，纵向上各小层吸水强度差异大，吸水剖面测试结果显示水井吸水强度范围为 $0 \sim 56.9 \mathrm{m}^3/(\mathrm{d} \cdot \mathrm{m})$，因此笼统注水时水易沿高渗层快速突进而造成油井过早水淹，而低渗层储量则得不到动用。若采用精细注水，限制高渗层吸水量，并提高低渗层吸水量，可有效地控制油井含水上升速度，进而改善油井开发效果。以 602 井为例，该井于 2013 年 11 月开始笼统注水，807 井见水后含水迅速上升至 14.2%，2014 年 8 月对 602 井实施分层注水，在 2407m 处安装封隔器分两段注水，上段和下段配注量分别为 50m³/d 和 80m³/d，油井含水下降，且随着注水开发的进行，含水上升缓慢（图 4 –37）。

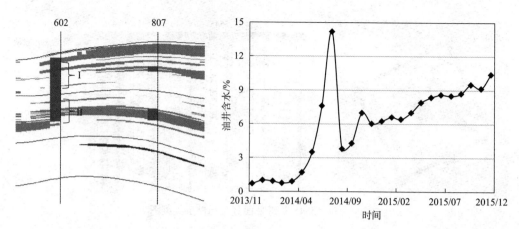

图 4 – 37   602 井组剖面和 807 井含水变化

4. 射孔位置与采油速度

从水淹井分布来看，来源于地层水的见水油井主要分布在储层的边部和内部距离地层水体较近的区域。距离储层水体较近油井，由于采油速度高，边底水容易突进，造成油井含水上升快，无水采油期短。CT – 14 井位于边水附近，最高日产达 166t/d，随油井生产与地层压力下降边水快速突进，无水采油期为 1.5 年，在 2 年时间内含水率快速增加到73%（图 4 – 38）。

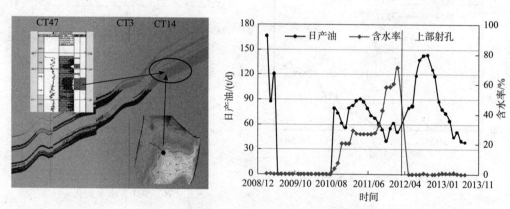

图 4 – 38   CT – 14 井油藏剖面与生产动态曲线

4.3.4   水窜带来的问题和解决办法

裂缝水窜会给油田生产带来诸多问题：

（1）裂缝水窜时会抑制原油流入井底，导致油井产油能力下降，注水开发效果变差。这是由于储层中油相流动能力比水相弱，水会抢先占据优势裂缝通道流入井底，从而对原油流入井底产生抑制作用。

（2）油井水淹直接导致关井停产。目前注入水水淹关井 16 口，占总关井数的 36%，直接给油田稳产开发带来挑战。

（3）无效注水增多，注水成本增加。统计 NT 油田注水开发以来的耗水率（图 4 - 39），可看出 KT - Ⅰ 层、KT - Ⅱ 层和油田的耗水率均逐年上升，这说明油田的注入水利用率降低，无效注水增多，导致注水成本增加。

对于注入水水窜和地层水水窜这两种情况，其解决办法有所不同：①注入水水窜可通过控制注水量或注水方式来解决，如减少注水、不注水或控制注入压力；②地层水水窜可通过设计合理避射高度或堵水来解决。对于 NT 油田注入水水窜严重的情况，合理控制注水开发势在必行。

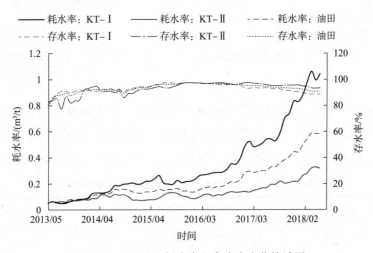

图 4 - 39　NT 油田耗水率和存水率变化统计图

4.4　油田气窜问题

注入气、气顶气或溶解气沿裂缝贯穿到油井井底的现象，称为油井气窜。NT 油田未进行注气开发，不存在注入气气窜的情况。考虑到该油田的原油具有弱挥发性，极易发生脱气，因而油田发生溶解气气窜的可能性较大。油井气窜同样也会直接影响油井产能，不利于油藏开发。

4.4.1　油田产气特征

根据油田生产气油比的动态变化图，生产气油比的变化大致分为三个阶段：平缓波动阶段、快速上升阶段和下降企稳阶段。油田的生产气油比在经历快速上升阶段后进入下降企稳阶段，目前仍维持在 2000m³/t 的较高水平（图 4 - 40）。统计不同生产气油比的采油井所占的比例，大于 1000m³/t 的油井达到 77%，因此该油田的高生产气油比油井比例较高，溶解气气窜问题突出（图4-41）。

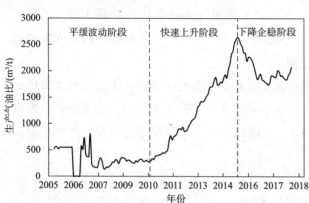

图4-40　NT油田生产气油比动态变化图

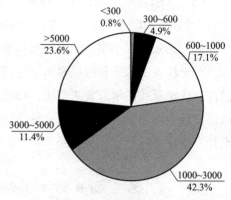

图4-41　NT油田油井生产气油比
分类统计图

根据NT油田油井产油量与生产气油比之间的关系，可划分出四种生产气油比模式（表4-5）。统计结果表明：NT油田以油减生产气油比增的模式为主，占总生产井数的72.4%。可见，生产气油比与产能存在一定关系，气窜会削弱油井的产能。

表4-5　NT油田油井生产气油比模式分类统计图

生产气油比模式	井数/口	比例/%
油减生产气油比增	89	72.4
油减生产气油比减	18	14.6
油增生产气油比减	2	1.6
其他	14	11.4

4.4.2　油田气窜原因

NT油田的气窜可分为两种类型：一种是由于带有凝析气顶，个别生产井在气层附近射孔，发生气顶气窜（图4-42）；另一种是油藏地饱压差小，注水滞后，地层压力持续下降导致地层原油脱气而发生气窜（图4-43）。

根据油田生产气油比与地层压力的动态变化关系，当KT-Ⅰ层和KT-Ⅱ层的地层压力降至各自的饱和压力之后（KT-Ⅰ层和KT-Ⅱ层的饱和压力分别为20.5MPa和28.5MPa），KT-Ⅰ层和KT-Ⅱ层的生产气油比开始急剧上升，最高达到2400m^3/t；注水见效后地层压力开始趋于稳定，生产气油比稍有下降后也趋于平缓，但整体仍维持在较高水平。目前KT-Ⅰ层和KT-Ⅱ层的生产气油比分别为2247m^3/t和1982m^3/t（图4-43）。

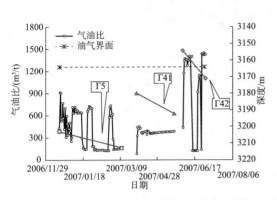

图 4 - 42　CT - 1 井生产气油比及射孔层位

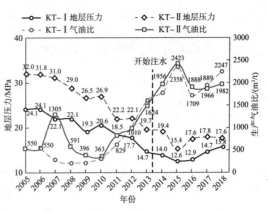

图 4 - 43　KT - Ⅰ 与 KT - Ⅱ 生产气油比和
地层压力动态变化图

高生产气油比油井主要分布在地层压力低和采出程度大的区域（图 4 - 44），因此地层压力降低导致的地层原油脱气是油田产气的主要原因。

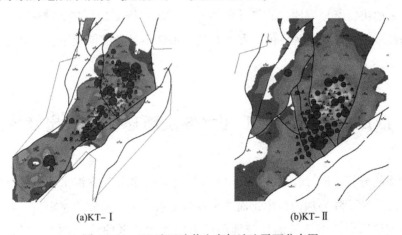

(a)KT - Ⅰ　　　　　　　　　(b)KT - Ⅱ

图 4 - 44　NT 油田油井生产气油比平面分布图

4.4.3　油田气窜带来的问题和解决办法

油井气窜会给油田生产带来诸多问题：

（1）油井气窜会抑制原油流入井底，导致油井产能降低。这是由于气体流度远大于原油，气体占据优势裂缝通道会抢先流入井底。

（2）地层原油脱气，使油相流动能力持续变差，原油的流动需消耗更多能量。当地层压力低于饱和压力后，溶解气油比随着地层压力下降而缓慢降低，而油气流度比却急剧下降（低于 0.1），说明油相流度极度恶化（图 4 - 45）。

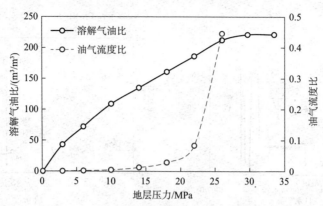

图 4 - 45　地层原油溶解气油比和油气流度比随地层
压力的变化图（KT-Ⅱ层）

（3）地层能量消耗快，能量利用率低，溶解气驱油作用不能充分发挥。

根据 NT 油田的两种气窜类型，相应的解决办法有所不同：①气顶气窜可通过设计合理避射高度来解决；②地层原油脱气导致的气窜可通过恢复地层压力来解决。对于 NT 油田这种以原油脱气导致气窜为主的情况，在注气条件不具备的前提下，合理注水补充地层能量至关重要。

4.5　低压力保持水平下注水开发新思路的提出及内涵

根据前面的分析，NT 油田的水窜和气窜会给油田注水开发带来极大的矛盾：衰竭式开发地层压力持续下降易加剧气窜，而注水恢复地层压力时易发生水窜。

通过研究油田原油溶解气油比与地层压力的变化关系曲线（图 4 - 46），可以发现：当地层压力下降到一定水平后，开始注水恢复地层压力时，原油的溶解气油比并不会沿原始溶解气油比曲线恢复，而是近似保持为一条条的水平直线，基本与开始注水时的原油溶解气油比相同。这启发我们只需要将地层压力恢复到略高于当前地层压力水平就能使溶解气油比不继续下降，进而控制住气窜，而为了控制水窜，我们又不能将地层压力恢复到过高水平。二者限定，我们可以通过论证将地层压力恢复至合理的低水平并保持住，这样既能控制水窜，又能控制气窜。因此，地层压力恢复水平并非越高越好，此即所谓的低压力保持水平下注水开发方法。

低压力保持水平下注水开发方法的内涵主要有以下两点：

（1）一方面，坚持注水保持地层压力，避免地层原油继续脱气，控制气窜；另一方面，温和注水，控制注水速度和地层压力恢复速度等，将地层压力恢复至合理的低水平并保持住，控制裂缝水窜。

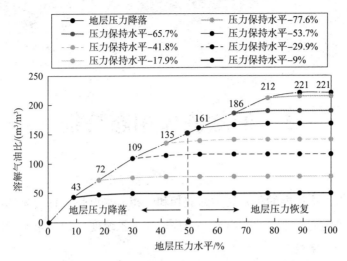

图 4-46 NT 油田溶解气油比和地层压力变化动态图

（2）地层压力恢复水平并非越高越好，需要根据油田的地层特征和开发现状充分论证。

根据低压力保持水平下注水开发方法的内涵，该方法适用于地层压力保持水平低的弱挥发性裂缝孔隙型碳酸盐岩油藏，尤其是注水开发时存在水窜和气窜问题的油藏。这种注水方法为低地层压力水平下裂缝孔隙型碳酸盐岩油藏的地层能量恢复和注水效果改善提供一种解决途径，对油田减缓产能递减和提高油田采收率具有重要意义。

5　油藏流体相态特征

在石油工业中，最重要的相是烃类的液相和气相，水也是一种常见的液相。决定一个系统的主要变量是温度、压力及其组成，当描述这个系统变化的变量不随时间和空间变化时，这些相就处于平衡状态。

5.1　流体组分特征和流体性质

根据室内实验结果，本节分别列出 NT 油田储层原油和天然气的组分，以便于在后续的相态分析中应用。

5.1.1　原油组分特征和性质

表 5 – 1 为 NT 油田地层原油组分。原油甲烷含量范围为 34.5% ~ 56.7%，平均为 48.9%；中间烃（$C_2 \sim C_6$）含量范围为 13.7% ~ 27.6%，平均为 21.1%；重组分（C_{7+}）含量范围为 19.6% ~ 43.1%，平均为 28.0%。油田 KT – I 与 KT – II 层相比，KT – II 层轻烃含量稍高于 KT – I 层。与典型黑油和挥发油组分相比，NT 油田原油中间烃（$C_2 \sim C_6$）含量接近或略高于典型挥发性原油，而明显高于普通黑油，甲烷和重组分含量介于典型挥发油与普通黑油之间（表 5 – 2）。

表 5 – 1　NT 油田典型原油组分组成

层系	样品编号	摩尔组成/%										
		N_2	CO_2	H_2S	C_1	C_2	C_3	$i-C_4$	$n-C_4$	$i-C_5$	$n-C_5$	C_6	C_{7+}
KT – I	1	0.9	0.3	1.0	50.6	8.2	7.0	1.5	3.7	1.5	1.8	2.2	21.5
	2	1.4	0.2	0.4	50.5	7.6	6.3	1.4	3.3	1.2	1.5	1.9	24.3
	3	0.7	0.2	0.3	50.3	7.7	6.0	1.3	3.3	1.4	1.6	2.1	25.2
	4	1.0	0.1	0.0	50.3	7.4	6.3	1.4	3.0	1.2	1.3	1.7	26.4
	5	0.8	0.3	0.3	52.5	6.6	6.4	1.5	2.5	0.9	1.2	1.5	25.9

续表

层系	样品编号	摩尔组成/%											
		N_2	CO_2	H_2S	C_1	C_2	C_3	$i-C_4$	$n-C_4$	$i-C_5$	$n-C_5$	C_6	C_{7+}
KT-I	6	0.7	0.2	0.2	52.5	6.6	6.7	1.2	2.3	0.9	1.2	1.4	26.0
	7	1.0	0.7	0.3	48.7	6.4	5.8	1.2	2.7	1.4	1.6	3.9	26.5
	8	0.9	0.4	0.3	52.6	6.9	6.3	1.3	2.7	1.2	1.4	2.3	23.7
	9	0.9	0.2	0.5	52.8	6.8	6.1	1.4	3.3	1.5	1.6	2.1	22.9
	10	0.7	0.2	0.4	48.9	7.3	6.0	1.2	2.6	1.6	2.0	2.3	26.9
	11	0.7	0.2	0.4	52.1	6.7	6.6	1.2	2.4	1.2	1.1	1.4	26.1
	12	1.0	0.2	0.4	51.3	7.0	6.3	1.3	2.9	1.2	1.4	2.0	24.9
	13	0.4	0.1	0.2	42.1	7.4	5.3	1.1	2.3	0.9	0.4	1.1	38.8
	14	1.7	0.1	0.2	41.9	7.3	7.0	1.7	3.4	1.4	1.6	2.1	31.7
	15	0.6	0.2	0.3	43.3	7.1	6.3	1.4	3.1	1.3	1.4	2.1	32.9
	16	1.3	0.1	0.0	36.8	6.9	5.7	1.6	3.7	1.6	1.7	2.2	38.4
	17	0.3	0.1	0.4	34.5	7.7	6.7	1.6	3.3	1.2	1.2	1.1	42.0
	平均	0.9	0.2	0.3	47.7	7.2	6.3	1.4	3.0	1.3	1.4	2.0	28.5
KT-II	18	1.3	0.2	0.0	47.4	5.5	4.5	0.3	1.1	1.1	1.0	1.1	36.6
	19	0.8	0.3	0.3	47.5	6.7	4.1	0.8	1.7	0.7	0.8	1.0	35.4
	20	4.5	0.2	0.0	38.5	3.8	3.1	0.4	1.4	1.6	1.7	1.6	43.1
	21	1.7	0.3	0.2	53.5	6.2	4.7	0.9	2.0	1.1	1.1	1.7	26.7
	22	1.3	0.6	3.2	50.0	4.7	3.3	1.7	2.4	0.9	1.6	1.9	28.6
	23	1.1	0.4	0.1	51.2	7.4	7.0	2.0	4.3	2.0	2.2	2.8	19.6
	24	1.1	0.5	2.2	49.8	7.8	5.8	1.2	2.5	1.3	1.3	2.2	24.3
	25	2.7	0.1	0.4	51.3	6.1	5.9	1.3	3.0	1.3	1.5	1.9	24.5
	26	1.6	0.3	0.3	49.0	6.2	4.7	1.1	2.4	1.2	1.3	1.8	30.3
	27	1.5	0.7	0.3	50.0	6.9	6.0	1.2	2.4	1.3	1.2	3.6	25.0
	28	1.7	0.1	0.1	56.7	7.5	5.3	1.2	2.9	1.2	1.2	1.4	20.7
	29	1.2	0.3	0.2	56.2	6.7	5.2	1.2	2.5	1.1	1.1	1.3	23.1
	30	1.5	0.7	0.3	54.4	6.9	6.1	1.2	2.7	1.4	1.4	3.6	19.8
	平均	1.7	0.4	0.6	50.4	6.3	5.0	1.1	2.4	1.2	1.3	2.0	27.5
油田平均		1.2	0.3	0.4	48.9	6.8	5.7	1.2	2.7	1.2	1.4	2.0	28.0

表5-2 原油类型对比

原油类型		平均摩尔质量/(g/mol)	摩尔组成/%		
			$C_1 + N_2$	$C_2 \sim C_6 + CO_2 + H_2S$	C_{7+}
油田原油	KT-I	109	48.6	22.9	28.5
	KT-II	105	52.1	20.4	27.5
	平均	107	50.1	21.9	28
典型黑油		175	48.8	9.1	42.1
典型挥发油		58	64.3	20.7	15

在拟组分三角相图上,该类原油主要分布在典型挥发油与典型黑油的中间区域,属于挥发性原油到黑油的过渡类型,其中KT-II层原油组分点更集中于挥发油区域(图5-1)。

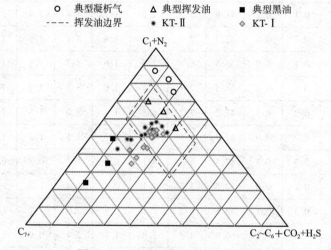

图5-1 NT油田典型原油三角相图

根据地层原油取样结果,油田共取样19个,其中KT-I与KT-II分别为12和7个,KT-I与KT-II层取样点地饱压差范围分别为0.3~3.8MPa和0.1~6.0MPa,平均分别为1.5MPa和3.1MPa;KT-I与KT-II层溶解气油比范围分别为168~230和176~313m³/t,平均分别为192m³/t和244m³/t;KT-I与KT-II层体积系数范围分别为1.408~1.661和1.505~1.952,平均分别为1.525和1.723;KT-I与KT-II层收缩率范围分别为29.0%~39.8%和33.6%~48.8%,平均分别为34.3%和41.4%;KT-I与KT-II层压缩系数范围分别为(22.3~67.3)×10^{-4}MPa^{-1}和(14.9~33.6)×10^{-4}MPa^{-1},平均分别为31.6×10^{-4}MPa^{-1}和25.8×10^{-4}MPa^{-1};KT-I与KT-II层黏度范围分别为0.18~1.19mPa·s和0.16~1.63mPa·s,平均分别为0.56mPa·s和0.64mPa·s;KT-I与KT-II层密度范围分别为0.649~0.709g/cm³和0.596~0.689g/cm³,平均分别为0.677g/cm³和0.638g/cm³;地面条件下KT-I与KT-II层密度范围分别为0.823~0.842g/cm³和

$0.824 \sim 0.873 g/cm^3$，平均分别为 $0.834 g/cm^3$ 和 $0.841 g/cm^3$。因而，KT-Ⅰ层与KT-Ⅱ层原油性质有一定差别（表5-3）。

表5-3 地层原油性质

层系	样品编号	地层压力/MPa	地层温度/℃	泡点压力/MPa	地饱压差/MPa	气油比/(m³/m³)	B_{oi}	收缩率/%	C/$10^{-4} \cdot MPa^{-1}$	ρ_o/(g/cm³) 地层条件	ρ_o/(g/cm³) 20℃	μ_o/mPa·s
KT-Ⅰ	1	25.5	50.0	25.2	0.3	230	1.661	39.8	22.3	0.649	0.836	0.18
	2	22.1	49.2	21.3	0.8	215	1.616	38.1	39.7	0.665	0.835	0.32
	3	25.7	46.5	25.3	0.5	186	1.474	32.2	67.3	0.690	0.823	1.19
	4	22.5	48.2	21.6	0.9	174	1.484	32.6	48.9	0.689	0.837	0.70
	5	21.6	53.6	20.5	1.1	168	1.502	33.4	32.1	0.680	0.842	0.57
	6	21.7	55.1	17.9	3.8	170	1.408	29.0	28.8	0.709	0.835	0.58
	7	21.8	55.1	20.7	1.1	193	1.537	34.9	23.8	0.666	0.832	0.49
	8	22.5	55.6	20.4	2.1	188	1.525	34.4	23.7	0.667	0.832	0.55
	9	24.0	51.2	22.7	1.3	216	1.616	38.1	23.2	0.658	0.832	0.50
	10	22.9	48.9	20.1	2.9	174	1.479	32.4	23.0	0.689	0.834	0.55
	11	22.1	46.5	20.2	1.9	197	1.475	32.2	23.3	0.691	0.839	0.58
	12	21.5	54.2	20.4	1.1	195	1.529	34.6	23.8	0.673	0.832	0.48
	平均	22.8	51.2	21.3	1.5	192	1.525	34.3	31.7	0.677	0.834	0.56
KT-Ⅱ	13	31.8	68.7	30.2	1.6	283	1.885	47.0	31.0	0.596	0.838	0.18
	14	31.4	67.9	30.0	1.4	313	1.952	48.8	33.6	0.613	0.826	0.16
	15	27.1	68.6	27.0	0.1	283	1.875	46.7	32.3	0.597	0.824	0.80
	16	29.0	67.2	22.9	6.0	177	1.505	33.6	27.8	0.663	0.830	0.49
	17	33.6	68.6	28.1	5.6	278	1.749	42.8	25.6	0.636	0.843	0.55
	18	28.5	69.1	25.9	2.7	176	1.522	34.3	14.9	0.689	0.873	0.65
	19	28.8	69.2	24.6	4.2	195	1.576	36.5	15.2	0.670	0.851	1.63
	平均	30.0	68.5	26.9	3.1	244	1.723	41.4	25.8	0.638	0.841	0.64

NT油田地层原油整体上表现为"三高二低一小"特征，即气油比、体积系数、收缩率高，原油密度、黏度低，地饱压差小，其中KT-Ⅱ层原油与典型挥发油性质更接近。与典型黑油和挥发油组分相比，NT油田原油黏度、密度、溶解气油比、体积系数、收缩率、地层压力系数和饱和压力等参数基本介于典型挥发油与普通黑油之间。从原油组分和性质角度判断，NT油田原油属于弱挥发性原油，KT-Ⅱ层原油挥发性强于KT-Ⅰ层（表5-4）。

表5-4 原油性质对比

原油类型	研究区原油		典型黑油	典型挥发油
层系	KT-I	KT-II		
地层原油密度/(g/cm³)	0.649~0.709	0.596~0.689	0.625~0.9	0.425~0.65
地面原油密度/(g/cm³)	0.823~0.842	0.824~0.873	0.88~0.97	0.76~0.82
地层原油黏度/(mPa·s)	0.18~1.19	0.16~1.63	5~50	1~5
原始气油比/(m³/m³)	168~230	176~313	36~125	267~623
体积系数	1.408~1.661	1.505~1.952	<2	2~2.5
收缩率/%	29.0~39.8	33.6~48.8	<30	>30
地层压力系数	0.93~1.2	0.91~1.1	0.8~1.2	0.8~1.2
饱和压力/MPa	17.9~25.3	20.6~30.2	2.1~20.7	24.6~38.7

5.1.2 气顶气组分特征和性质

表5-5为NT油田气顶气组分。气顶气甲烷含量范围为76.05%~81%,平均为78.52%;烃类含量范围为97.07%~97.75%,平均为97.41%;H_2S含量范围为0.07%~0.36%,平均为0.21%,为低含硫天然气。

表5-5 NT油田气顶气组分组成

层系	摩尔组成/%											
	H_2S	CO_2	N_2	C_1	C_2	C_3	$i-C_4$	$n-C_4$	$i-C_5$	$n-C_5$	C_6	C_{7+}
KT-I	0.07	0.18	2.00	81.00	7.00	4.00	0.74	1.00	0.56	0.66	0.87	1.92
KT-II	0.36	0.42	2.15	76.05	6.75	4.12	0.90	1.46	0.46	0.47	0.51	6.37
平均	0.21	0.30	2.08	78.52	6.88	4.06	0.82	1.23	0.51	0.56	0.69	4.14

根据气顶气取样实验分析结果,KT-I与KT-II层取样点的压力和温度分别为23MPa、31.9MPa和53.6℃、66.8℃;KT-I与KT-II层气顶气露点压力分别为20.6MPa和30.1MPa;在地层条件下KT-I与KT-II层气顶气密度分别为0.234g/cm³和0.3112g/cm³;在地层条件下KT-I与KT-II层气顶气密度分别为0.234g/cm³和0.3112g/cm³;在地层条件下KT-I与KT-II层体积系数分别为0.00319和0.00372;在地层条件下KT-I与KT-II层黏度分别为0.0285mPa·s和0.0893mPa·s;KT-I与KT-II层凝析油密度分别为0.723g/cm³和0.775g/cm³;KT-I与KT-II层凝析油摩尔质量分别为116g/mol和120g/mol;KT-I与KT-II层凝析油含量分别为176g/cm³和301g/m³(表5-6)。

表5-6 NT油田气顶气性质

参数	KT-Ⅰ	KT-Ⅱ
地层压力/MPa	23	31.9
地层温度/℃	53.6	66.8
地层条件下气体密度/(g/cm³)	0.234	0.312
地层条件下气体偏差因子	0.981	0.997
地层条件下气体体积系数	0.00319	0.00372
地层条件下气体黏度/mPa·s	0.0285	0.0893
露点压力/MPa	20.6	30.1
气体凝析时密度/(g/cm³)	0.211	0.306
气体凝析时偏差因子	0.971	0.956
气体凝析时体积系数	0.0036	0.0041
气体凝析时黏度/mPa·s	0.0251	0.0342
凝析油密度/(g/cm³)	0.723	0.775
凝析油摩尔质量/(g/mol)	116	120
脱油后气体摩尔质量/(g/mol)	23.6	24.7
凝析油含量/(g/m³)	176	301

根据凝析气藏划分标准，KT-Ⅰ层属于中含凝析油气顶气，而KT-Ⅱ层属于高含凝析油气顶气（表5-7）。

表5-7 凝析气藏划分标准

凝析气藏类型	气油比/(m³/m³)	凝析油含量/(g/m³)
低含凝析油	5000~18000	45~150
中等含凝析油	2500~5000	150~290
高含凝析油	1000~2500	290~675
特高含凝析油	600~1000	675~1035

5.2 相平衡计算与相态预测模型

对于一定质量的物质，其压力、体积和温度之间的关系的表达式成为该物质的状态方程，目前在石油天然气工业中应用比较普遍的有BWRS、RK、SRK、PR和RT等方程，本文以PR方程为例对流体相态进行研究。

5.2.1 PR 状态方程

PR 方程是对 Van der Waals 状态方程进行改进的两常数立方状态方程，对混合物临界区的 PVT 计算精度较高，参数 a、b 可以通过临界点方程得到。PR 方程经典表达式为：

$$P = \frac{RT}{V-b} - \frac{a(T)}{V(V+b) + b(V-b)}$$

$$= \frac{RT}{V-b} - \frac{a(T)}{[V + (1+\sqrt{2})b] \cdot [V + (1-\sqrt{2})b]} \tag{5-1}$$

其中：

$$a(T) = \frac{0.457235R^2T_c^2}{P_c} \cdot \alpha(T_r)$$

$$\alpha(T_r) = [1 + m(1 - T_r^{0.5})]^2$$

$$m = 0.37464 + 1.54226\omega - 0.26992\omega^2$$

$$b = \frac{0.077796RT_c}{P_c}$$

式中，P 和 P_c 分别为流体的压力和临界压力，MPa；V 为流体的体积，m^3；T 和 T_c 分别为流体的温度和临界温度，K；T_r 为流体的对比温度，无量纲；R 为通用气体常数，值为 0.008314，$MPa \cdot m^3 / (kmol \cdot K)$；$\omega$ 为偏心因子，可查表得到（Whitson，2000），无量纲。

对于单组物质，可利用式（5-1）直接进行计算，从而分析物质的 P、V、T 三者之间的关系。而对于多组分的混合物则利用以下混合法则进行计算：

$$a = \sum_i \sum_j x_i x_j a_{ij} \tag{5-2}$$

$$b = \sum_i x_i b_i \tag{5-3}$$

其中：$a_{ij} = \sqrt{a_i a_j}(1-\delta_{ij})$，$a_i = \frac{0.457235R^2T_{ci}^2}{P_{ci}} \cdot \alpha_i(T_{ri})$，$\alpha_i(T_{ri}) = [1 + m_i(1 - T_{ri}^{0.5})]^2$

$$m_i = 0.37464 + 1.54226\omega_i - 0.26992\omega_i^2，\omega_i < 0.49$$

$$b_i = \frac{0.077796RT_{ci}}{P_{ci}}$$

式中，x_i 为混合物中组分 i 的摩尔分数，小数；δ_{ij} 为混合物中组分 i 和 j 的二元交互作用系数，可利用拟临界参数计算得到（Chueh，1967），无量纲；下标 i 和 j 代表混合物中的某组分。

通过以上方程系数的计算可以得到混合物状态方程，进而描述某混合物质的 P、V、T 三者之间的关系。

5.2.2 气相与液相压缩因子

对每摩尔流体,其压缩因子状态方程为:

$$PV = ZRT \tag{5-4}$$

式中,V 为摩尔体积,与 PR 方程联立可得压缩因子方程:

$$f(Z) = Z^3 + (B-1)Z^2 + (A - 2B - 3B^2)Z - B(A - B - B^2) = 0 \tag{5-5}$$

其中:

$$A = \frac{aP}{R^2 T^2}, B = \frac{bP}{RT}$$

式中:Z 为流体压缩因子,无量纲。

式 (5-5) 为三次方程,根据该式可以计算气相与液相形成的体系中气相与液相压缩因子,求解得到的最大根为气相的压缩因子 Z_G,最小根为液相压缩因子 Z_L。若流体为单相混合物或单组分纯物质,那么压缩因子方程有一个实根,即为该相流体压缩因子。

5.2.3 相平衡条件

气液相平衡是在由气相和液相组成的体系中,各相的物理和化学性质不随时间的变化而改变。在热动力学上,逸度表示体系处于某种状态时分子逃逸的能力,当气液两相达到平衡时,组分在气相和液相中的逸度相等,即:

$$f_i^G = x_i \phi_i^G P = f_i^L = y_i \phi_i^L P \tag{5-6}$$

式中,f_i^L 和 f_i^L 分别为组分 i 在气相和液相中的逸度,MPa;x_i 和 y_i 为多组分混合物中组分 i 在气相和液相中的摩尔含量,小数;P 为气液两相体系中的压力,MPa;ϕ_i^G 和 ϕ_i^L 分别为组分 i 在气相和液相中的逸度系数,无量纲。

因而在气液相平衡时,有:

$$K_i = \frac{x_i}{y_i} = \frac{\phi_i^L}{\phi_i^G} \tag{5-7}$$

式中,K_i 为平衡常数,无量纲。

对于逸度系数可以用下式计算:

$$
\begin{aligned}
\ln\varphi_i &= \frac{b_i}{b}(Z-1) - \ln(Z-B) - \frac{A}{(C_2 - C_1)B}\left(\frac{2}{a}\sum_{j=1}^{N} x_j a_{ij} - \frac{b_i}{b}\right)\ln\frac{Z + C_2 B}{Z + C_1 B} \\
&= \frac{b_i}{b}(Z-1) - \ln(Z-B) - \frac{A}{(C_1 - C_2)B}\left(\frac{2}{a}\sum_{j=1}^{N} x_j a_{ij} - \frac{b_i}{b}\right)\ln\frac{Z + C_1 B}{Z + C_2 B}
\end{aligned}
\tag{5-8}
$$

在计算某组分在气相与液相的逸度时,公式中 Z 分别采用气相和液相的压缩因子,x_j 分别采用组分 j 在气相和液相中的摩尔含量。

另外,在气液体系达到平衡时,要满足物质守恒定律并存在约束条件,即:

$$1 = L + G \tag{5-9}$$

$$\sum_{i=1}^{n} x_i = \sum_{i=1}^{n} y_i = \sum_{i=1}^{n} \varepsilon_i = 1 \tag{5-10}$$

式中，L 和 G 分别为每摩尔气液体系混合物液相和气相摩尔含量，无量纲；ε_i 为混合物中 i 组分的摩尔含量，无量纲。

将式（5-9）、式（5-10）与式（5-7）联立可得：

$$\sum_{i=1}^{n} x_i = \sum_{i=1}^{n} \frac{K_i \varepsilon_i}{L + G K_i} = 1 \tag{5-11}$$

$$\sum_{i=1}^{n} y_i = \sum_{i=1}^{n} \frac{K_i \varepsilon_i}{L + G K_i} = 1 \tag{5-12}$$

联立式（5-11）与式（5-12）得：

$$\sum_{i=1}^{n} (x_i - y_i) = \sum_{i=1}^{n} \frac{(K_i - 1) \varepsilon_i}{L + (1-L) G K_i} = 0 \tag{5-13}$$

上述平衡常数 K_i 可根据 Wilson 公式计算得到，有：

$$K_i = \frac{p_{ci}}{p} \exp \left[5.3727 \left(1 - \frac{T_{ci}}{T} \right) \cdot (1 + \omega_i) \right] \tag{5-14}$$

5.2.4 油气分离相平衡计算

对原油进行闪蒸分离或多级脱气时，原油脱气而体系状态发生改变，在一定压力和温度条件下，体系达到平衡状态，因而必须满足约束条件式（5-11）、式（5-12）和平衡条件式（5-6）。

所以当原始组分含量 ε_i 已知的情况下，油气分离气液相平衡计算方法为：

（1）由脱气压力 P 与温度 T 根据式（5-14）计算出每个组分 i 的平衡常数 K_i。

（2）将计算得到的 K_i 值代入式（5-13）迭代计算 L 值，进而得到 G 值。

（3）将计算得到的 K_i、L 和 G 值代入式（5-11）和式（5-12）分别计算各组分含量 x_i 和 y_i 值。

（4）由组分含量 ε_i 或 x_i 和 y_i 值根据式（5-5）求解得到气相和液相压缩因子 Z_G 和 Z_L 值。

（5）并将已求得的参数带入式（5-8），求解每个组分 i 在气液相中的逸度系数 ϕ_i^G 和 ϕ_i^L 值，并求每个组分 i 在气液相中的逸度 f_i^G 和 f_i^L 值。

（6）对比 f_i^G 和 f_i^L 值，即对于每个组分 i 的关系式 $x_i \phi_i^G = y_i \phi_i^L$ 是否成立，若成立则计算结束，若不成立则令 $K_i = \phi_i^L / \phi_i^G$，重复计算第（2）~（6）步，直到达到精度为止。

图 5-2 为闪蒸计算流程。在进行多级脱气计算时，每级压力下原油组分是不断变化的，其各组分含量由上一级压力油气分离计算结果确定。另外，在进行定容衰竭计算时，情况与多级脱气计算有所不同，其计算过程为：对某级压力下进行油气相平衡计算，并扣

除超出规定体积（泡点压力下原油体积）的气体，剩余的液相与气相之和作为下一级压力下进行相平衡计算的流体组分组成。

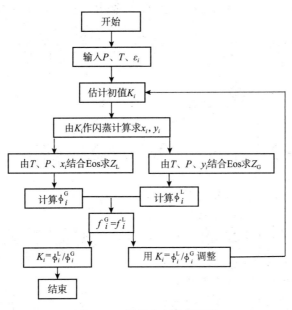

图 5 – 2　闪蒸分离计算流程

5.2.5　相态预测模型

液相平衡的计算是在给定流体的组分时计算一定压力和温度条件下气相和液相中各组分的组成，而相态预测则在气液相平衡计算基础上，计算得到不同压力和温度条件下流体的气相和液相组分变化，在一定的温度和压力范围内完整的绘制 $P – T$ 相图。

液量体积分数 V_{Lr} 可表示为：

$$V_{Lr} = \frac{V_L}{V_L + V_G} \tag{5 – 15}$$

结合压缩因子状态方程有：

$$L = \frac{V_{Lr} \cdot Z_G}{(1 - V_{Lr}) \cdot Z_L + V_{Lr} \cdot Z_G} \tag{5 – 16}$$

式中，V_{Lr} 为液相体积分数，无量纲；V_L 和 V_G 分别为体系中液相和气相体积，m^3。

将式（5 – 16）与代入式（5 – 10）可得：

$$\sum_{i=1}^{n} \frac{(K_i - 1)\varepsilon_i}{L + (1 - L)K_i} = \sum_{i=1}^{n} \frac{(K_i - 1)\varepsilon_i}{K_i + \dfrac{V_{Lr} \cdot Z_G(1 - K_i)}{(1 - V_{Lr}) \cdot Z_L + V_{Lr} \cdot Z_G}} = 0 \tag{5 – 17}$$

综上所述可得相态预测模型为：

$$
\begin{cases}
K_i = \dfrac{p_{ci}}{p}\exp\left[5.3727\left(1 - \dfrac{T_{ci}}{T}\right)\cdot(1 + \omega_i)\right] \\[3mm]
Z^3 + (B - 1)Z^2 + (A - 2B - 3B^2)Z - (AB - B^2 - B^3) = 0 \\[3mm]
\displaystyle\sum_{i=1}^{n}\dfrac{(K_i - 1)\varepsilon_i}{L + (1 - L)K_i} = \sum_{i=1}^{n}\dfrac{(K_i - 1)\varepsilon_i}{K_i + \dfrac{V_{Lr}\cdot Z_G(1 - K_i)}{(1 - V_{Lr})\cdot Z_L + V_{Lr}\cdot Z_G}} = 0 \\[6mm]
L = \dfrac{V_{Lr}\cdot Z_G}{(1 - V_{Lr})\cdot Z_L + V_{Lr}\cdot Z_G} \\[4mm]
\displaystyle\sum_{i=1}^{n}x_i = \sum_{i=1}^{n}\dfrac{K_i\varepsilon_i}{L + GK_i} = \sum_{i=1}^{n}y_i = \sum_{i=1}^{n}\dfrac{K_i\varepsilon_i}{L + GK_i} = 1 \\[4mm]
\ln\phi_i = \dfrac{b_i}{b}(Z - 1) - \ln(Z - B) - \\[3mm]
\qquad \dfrac{A}{2\sqrt{2}B}\left(\dfrac{2\displaystyle\sum_{j=1}^{n}x_j\sqrt{a_ia_j}(1 - \delta_{ij})}{a} - \dfrac{b_i}{b}\right)\ln\left[\dfrac{Z + (1 + \sqrt{2})B}{Z + (1 - \sqrt{2})B}\right] \\[3mm]
f_i^G = x_i\phi_i^G P = f_i^L = y_i\phi_i^L P,\ 1 \leqslant i \leqslant n
\end{cases}
\tag{5-18}
$$

根据该模型可计算泡点线、等液量线和露点线，从而得到 $P - T$ 相图。当计算泡点线时，由于 $V_{Lr} = 1$，模型中第三式可化为：

$$
\sum_{i=1}^{n}(K_i - 1)\varepsilon_i = 0 \tag{5-19}
$$

而当计算露点线时，由于 $V_{Lr} = 0$，模型中第三式可化为：

$$
\sum_{i=1}^{n}\dfrac{(K_i - 1)\varepsilon_i}{K_i} = 0 \tag{5-20}
$$

计算露点线和泡点线的步骤为：

（1）保持温度 T 不变，给定压力 P，根据式（5-18）模型中第一式计算得到每个组分 i 的平衡常数 K_i。

（2）将计算得到的 K_i 值代入式（5-19）或式（5-20），判断是否成立。

（3）若式（5-19）或式（5-20）不成立，则重复第（1）~（2）步，直到达到精度为止；若成立，则最后的压力 P 值即为该温度下的泡点压力或露点压力。

（4）不断改变温度 T 值，重复第（1）~（3）步，得到一系列温度 T 下的泡点或露点压力 P 值，其连线即为泡点线或露点线。

在计算得到露点线和泡点线以后，再计算等液量线，其步骤为：

（1）保持温度 T 不变，给定压力 P，根据式（5-18）模型中第一式计算出每个组分 i 的平衡常数 K_i。

（2）由组分含量 f_i 值根据式（5-5）求解出气相和液相压缩因子 Z_G 和 Z_L 值。

（3）给定液量体积分数 V_{Lr} 值，并将 K_i、Z_G 和 Z_L 代入根据式（5-18）模型中第三式，判断是否成立。若不成立，则改变压力 P，重复第（2）~（3）步，直到达到精度为止；若成立，则将所得参数代入式（5-18）模型中第 4 式和第 5 式，求解得到各组分含量 x_i 和 y_i 值。

（4）并将已求得的参数代入式（5-18）模型中第六式，求解每个组分 i 在气液相中的逸度系数 ϕ_i^G 和 ϕ_i^L 值，并求每个组分 i 在气液相中的逸度 f_i^G 和 f_i^L 值。

（5）对比 f_i^G 和 f_i^L 值，即对于每个组分 i 的关系式 $x_i\phi_i^G = y_i\phi_i^L$ 是否成立。若成立则计算结束；若不成立则令 $K_i = \phi_i^L/\phi_i^G$，重复计算第（2）~（5）步，直到达到精度为止。

（6）不断改变温度 T 值，重复第（1）~（5）步，得到一系列温度 T 下的的压力 P 值，其连线即为 V_{Lr} 的等液量线。

为验证算法，特提供两个典型的实例进行对比：

1. 与 Bloomer 等（1953）的研究结果进行对比

Bloomer 等曾经对不同比例的甲烷和乙烷做过大量的气液平衡实验，得到一些实验结果。本次选取其中一个实验结果，即甲烷与乙烷摩尔含量分别为 70% 和 30%，计算结果与其实验结果比较接近（图 5-3）。

2. 与 Michelsen（1980）的研究结果进行对比

对 Michelsen 提供的流体进行计算，并与其计算结果进行对比，计算结果基本一致（图 5-4）。

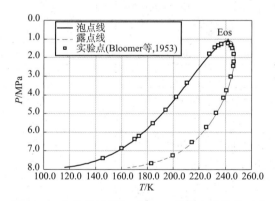
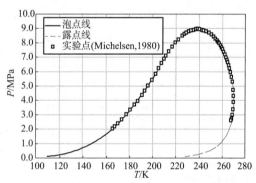

图 5-3　包络线计算与 Bloomer 等的实验结果对比　　图 5-4　与 Michelsen 包络线计算结果对比

5.3　原油相态变化规律

根据上述气液相平衡计算方法，对目标油田原油进行闪蒸分离与多级分离计算，并绘制相图，分析地层原油随着压力的降低其相态的变化规律。

5.3.1 原油组分变化规律

选取表 5 – 1 中 28 号原油样品进行计算，表 5 – 8 为用于计算的原油组分组成，地层压力为 33.5MPa，地层温度为 61.5℃。根据气液相平衡理论，计算在地层温度 61.5℃ 下原油泡点压力与压力下降后油气组分变化，原油泡点压力为 29.7MPa，多级脱气时不同压力下油气达到相平衡时组分组成如表 5 – 9、表 5 – 10 所示。

表 5 – 8　用于相态计算的典型原油样品组分组成

组分	N_2	CO_2	H_2S	C_1	C_2	C_3	$i-C_4$	$n-C_4$	$i-C_5$
摩尔组成/%	1.72	0.09	0.07	56.66	7.49	5.31	1.24	2.93	1.16
组分	$n-C_5$	C_6	C_7	C_8	C_9	C_{10}	C_{11}	C_{12}	C_{13}
摩尔组成/%	1.24	1.41	1.51	1.63	1.27	1.07	0.77	0.61	0.52
组分	C_{14}	C_{15}	C_{16}	C_{17}	C_{18}	C_{19}	C_{20}	C_{21}	C_{22}
摩尔组成/%	0.36	0.34	0.23	0.22	0.22	0.19	0.12	0.09	0.07
组分	C_{23}	C_{24}	C_{25}	C_{26}	C_{27}	C_{28}	C_{29}	C_{30}	C_{31}
摩尔组成/%	0.09	0.06	0.04	0.04	0.04	0.03	0.03	0.03	11.10

表 5 – 9　多级脱气液相组分变化

分级压力/MPa		33.5	26.0	22.0	18.0	14.0	10.0	6.0	3.0	0.1
摩尔组成/%	N_2	1.72	1.56	1.34	1.08	0.80	0.50	0.23	0.07	0.00
	CO_2	0.09	0.09	0.09	0.09	0.08	0.08	0.07	0.05	0.00
	H_2S	0.07	0.07	0.07	0.08	0.08	0.08	0.08	0.07	0.00
	C_1	56.66	53.75	49.82	44.61	38.42	30.19	19.78	9.88	0.13
	C_2	7.49	7.61	7.72	7.84	7.95	7.96	7.64	6.60	0.37
	C_3	5.31	5.54	5.81	6.17	6.62	7.16	7.75	7.96	1.15
	$i-C_4$	1.24	1.32	1.41	1.54	1.69	1.90	2.16	2.38	0.70
	$n-C_4$	2.93	3.13	3.38	3.71	4.12	4.67	5.37	6.00	2.17
	$i-C_5$	1.16	1.25	1.37	1.52	1.72	1.98	2.33	2.67	1.64
	$n-C_5$	1.24	1.34	1.47	1.64	1.86	2.15	2.54	2.93	2.05
	C_6	1.41	1.55	1.72	1.95	2.23	2.61	3.12	3.64	3.87
	C_7	1.51	1.67	1.87	2.13	2.46	2.89	3.48	4.08	5.30
	C_8	1.63	1.81	2.04	2.33	2.70	3.18	3.83	4.51	6.35
	C_9	1.27	1.42	1.60	1.84	2.13	2.52	3.04	3.58	5.35
	C_{10}	1.07	1.20	1.36	1.56	1.81	2.14	2.59	3.06	4.67

分级压力/MPa		33.5	26.0	22.0	18.0	14.0	10.0	6.0	3.0	0.1
摩尔组成/%	C_{11}	0.77	0.86	0.98	1.13	1.31	1.55	1.88	2.22	3.43
	C_{12}	0.61	0.69	0.78	0.90	1.05	1.24	1.50	1.77	2.74
	C_{13}	0.52	0.59	0.67	0.77	0.90	1.06	1.28	1.51	2.35
	C_{14}	0.36	0.41	0.46	0.53	0.62	0.74	0.89	1.05	1.64
	C_{15}	0.34	0.38	0.44	0.51	0.59	0.70	0.84	1.00	1.55
	C_{16}	0.23	0.26	0.30	0.34	0.40	0.47	0.57	0.67	1.05
	C_{17}	0.22	0.25	0.28	0.33	0.38	0.45	0.55	0.65	1.01
	C_{18}	0.22	0.25	0.28	0.33	0.38	0.45	0.55	0.65	1.01
	C_{19}	0.19	0.21	0.25	0.28	0.33	0.39	0.47	0.56	0.87
	C_{20}	0.12	0.14	0.16	0.18	0.21	0.25	0.30	0.35	0.55
	C_{21}	0.09	0.10	0.12	0.13	0.16	0.19	0.22	0.27	0.41
	C_{22}	0.07	0.08	0.09	0.10	0.12	0.14	0.17	0.21	0.32
	C_{23}	0.09	0.10	0.12	0.13	0.16	0.19	0.22	0.27	0.41
	C_{24}	0.06	0.07	0.08	0.09	0.10	0.12	0.15	0.18	0.28
	C_{25}	0.04	0.05	0.05	0.06	0.07	0.08	0.10	0.12	0.18
	C_{26}	0.04	0.05	0.05	0.06	0.07	0.08	0.10	0.12	0.18
	C_{27}	0.04	0.05	0.05	0.06	0.07	0.08	0.10	0.12	0.18
	C_{28}	0.03	0.03	0.04	0.05	0.05	0.06	0.07	0.09	0.14
	C_{29}	0.03	0.03	0.04	0.05	0.05	0.06	0.07	0.09	0.14
	C_{30}	0.03	0.03	0.04	0.05	0.05	0.06	0.07	0.09	0.14
	C_{31}	11.10	12.09	13.66	15.82	18.25	21.61	25.90	30.58	47.66
	合计	100	100	100	100	100	100	100	100	100

表 5-10　多级脱气气相组分变化

分级压力/MPa		33.5	26.0	22.0	18.0	14.0	10.0	6.0	3.0	0.1
摩尔组成/%	N_2	0	3.07	3.06	3.00	2.83	2.45	1.82	1.09	0.19
	CO_2	0	0.09	0.10	0.10	0.11	0.12	0.14	0.17	0.13
	H_2S	0	0.06	0.06	0.06	0.06	0.07	0.09	0.13	0.20
	C_1	0	81.53	82.14	82.78	83.22	83.08	81.07	74.56	27.32
	C_2	0	6.85	6.89	6.99	7.24	7.88	9.59	13.39	17.76
	C_3	0	3.73	3.64	3.54	3.51	3.66	4.40	6.58	20.14
	$i-C_4$	0	0.70	0.66	0.62	0.58	0.57	0.65	0.95	5.38
	$n-C_4$	0	1.50	1.40	1.29	1.19	1.15	1.29	1.89	12.85

续表

分级压力/MPa		33.5	26.0	22.0	18.0	14.0	10.0	6.0	3.0	0.1
	$i-C_5$	0	0.49	0.44	0.39	0.34	0.30	0.31	0.43	4.50
	$n-C_5$	0	0.49	0.44	0.38	0.32	0.28	0.29	0.39	4.52
	C_6	0	0.40	0.34	0.28	0.22	0.18	0.16	0.20	3.24
	C_7	0	0.32	0.27	0.20	0.15	0.11	0.09	0.11	1.90
	C_8	0	0.28	0.23	0.16	0.12	0.08	0.06	0.07	1.22
	C_9	0	0.17	0.13	0.09	0.06	0.04	0.02	0.02	0.42
	C_{10}	0	0.12	0.08	0.05	0.03	0.02	0.01	0.01	0.16
	C_{11}	0	0.07	0.05	0.03	0.02	0.01	0.00	0.00	0.05
	C_{12}	0	0.04	0.03	0.02	0.01	0.00	0.00	0.00	0.02
	C_{13}	0	0.03	0.02	0.01	0.00	0.00	0.00	0.00	0.01
	C_{14}	0	0.02	0.01	0.00	0.00	0.00	0.00	0.00	0.00
	C_{15}	0	0.01	0.01	0.00	0.00	0.00	0.00	0.00	0.00
	C_{16}	0	0.01	0.00	0.00	0.00	0.00	0.00	0.00	0.00
	C_{17}	0	0.00	0.00	0.00	0.00	0.00	0.00	0.00	0.00
摩尔组成/%	C_{18}	0	0.00	0.00	0.00	0.00	0.00	0.00	0.00	0.00
	C_{19}	0	0.00	0.00	0.00	0.00	0.00	0.00	0.00	0.00
	C_{20}	0	0.00	0.00	0.00	0.00	0.00	0.00	0.00	0.00
	C_{21}	0	0.00	0.00	0.00	0.00	0.00	0.00	0.00	0.00
	C_{22}	0	0.00	0.00	0.00	0.00	0.00	0.00	0.00	0.00
	C_{23}	0	0.00	0.00	0.00	0.00	0.00	0.00	0.00	0.00
	C_{24}	0	0.00	0.00	0.00	0.00	0.00	0.00	0.00	0.00
	C_{25}	0	0.00	0.00	0.00	0.00	0.00	0.00	0.00	0.00
	C_{26}	0	0.00	0.00	0.00	0.00	0.00	0.00	0.00	0.00
	C_{27}	0	0.00	0.00	0.00	0.00	0.00	0.00	0.00	0.00
	C_{28}	0	0.00	0.00	0.00	0.00	0.00	0.00	0.00	0.00
	C_{29}	0	0.00	0.00	0.00	0.00	0.00	0.00	0.00	0.00
	C_{30}	0	0.00	0.00	0.00	0.00	0.00	0.00	0.00	0.00
	C_{31}	0	0.00	0.00	0.00	0.00	0.00	0.00	0.00	0.00
	合计	0	100	100	100	100	100	100	100	100

　　将原油多级脱气计算结果绘制于三角相图中，当压力降至原油泡点压力以下时，原油开始脱气，脱气前期甲烷最易析出，原油中含量明显降低，中间烃含量下降缓慢，重组分明显增加；随着压力的进一步降低，甲烷析出量逐渐减少，中间烃析出量逐渐增加，在脱

气后期，中间烃析出量超过甲烷，含量下降明显加快。从曲线变化趋势可以看出，随着压力的降低，原油由挥发性原油区逐渐进入黑油区。通过不同地层压力条件下的实际取样分析结果发现，地层压力下降时原油组分变化趋势与计算结果基本一致（图5-5）。

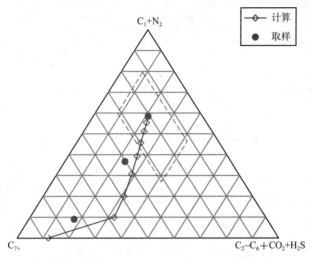

图5-5 原油多级脱气组分变化及实际取样结果

5.3.2 原油体积变化规律

对原油进行定容衰竭计算可较好的研究油藏衰竭式开发时地下原油的变化规律。假设原油样品各组分总物质的量为1mol，那么根据原油组分组成，利用状态方程计算在泡点压力和地层温度条件下原油的体积为125mL。同时，根据气液相平衡理论，在定容条件下计算压力下降后油气组分变化，即在每级压力下气液两相达平衡状态，将多余气相排出使得气液两相体积保持125mL不变。通过计算，在定容衰竭条件下油气达到相平衡时组分组成如表5-11、表5-12所示。

表5-11 定容衰竭条件下液相组分变化

分级压力/MPa		29.7	26.0	22.0	18.0	14.0	10.0	6.0	3.0	0.1
摩尔组成/%	N_2	1.72	1.56	1.34	1.09	0.82	0.55	0.28	0.11	0.00
	CO_2	0.09	0.09	0.09	0.09	0.08	0.08	0.06	0.04	0.00
	H_2S	0.07	0.07	0.07	0.08	0.08	0.08	0.08	0.06	0.00
	C_1	56.66	53.75	49.65	44.61	38.27	30.17	19.75	10.09	0.20
	C_2	7.49	7.61	7.71	7.81	7.86	7.75	7.11	5.65	0.29
	C_3	5.31	5.54	5.82	6.17	6.62	7.12	7.53	7.37	0.88
	$i-C_4$	1.24	1.32	1.41	1.54	1.70	1.91	2.16	2.33	0.55

续表

分级压力/MPa	29.7	26.0	22.0	18.0	14.0	10.0	6.0	3.0	0.1
$n-C_4$	2.93	3.13	3.38	3.71	4.14	4.70	5.38	5.92	1.73
$i-C_5$	1.16	1.25	1.37	1.53	1.73	2.00	2.36	2.70	1.38
$n-C_5$	1.24	1.34	1.48	1.65	1.88	2.18	2.58	2.98	1.75
C_6	1.41	1.55	1.72	1.95	2.24	2.63	3.16	3.72	3.56
C_7	1.51	1.67	1.88	2.13	2.47	2.91	3.52	4.17	5.13
C_8	1.63	1.81	2.04	2.33	2.70	3.19	3.86	4.59	6.28
C_9	1.27	1.42	1.60	1.84	2.13	2.52	3.06	3.64	5.38
C_{10}	1.07	1.20	1.36	1.56	1.81	2.14	2.60	3.10	4.73
C_{11}	0.77	0.86	0.98	1.13	1.31	1.55	1.88	2.24	3.47
C_{12}	0.61	0.69	0.78	0.90	1.04	1.23	1.50	1.78	2.78
C_{13}	0.52	0.59	0.67	0.77	0.89	1.05	1.28	1.52	2.38
C_{14}	0.36	0.41	0.46	0.53	0.62	0.73	0.89	1.06	1.66
C_{15}	0.34	0.38	0.44	0.50	0.58	0.69	0.84	1.00	1.57
C_{16}	0.23	0.26	0.30	0.34	0.40	0.47	0.57	0.68	1.06
C_{17}	0.22	0.25	0.28	0.33	0.38	0.45	0.54	0.65	1.02
C_{18}	0.22	0.25	0.28	0.33	0.38	0.45	0.54	0.65	1.02
C_{19}	0.19	0.21	0.25	0.28	0.33	0.39	0.47	0.56	0.88
C_{20}	0.12	0.14	0.16	0.18	0.21	0.24	0.30	0.35	0.55
C_{21}	0.09	0.10	0.12	0.13	0.16	0.18	0.22	0.27	0.42
C_{22}	0.07	0.08	0.09	0.10	0.12	0.14	0.17	0.21	0.32
C_{23}	0.09	0.10	0.12	0.13	0.16	0.18	0.22	0.27	0.42
C_{24}	0.06	0.07	0.08	0.09	0.10	0.12	0.15	0.18	0.28
C_{25}	0.04	0.05	0.05	0.06	0.07	0.08	0.10	0.12	0.19
C_{26}	0.04	0.05	0.05	0.06	0.07	0.08	0.10	0.12	0.19
C_{27}	0.04	0.05	0.05	0.06	0.07	0.08	0.10	0.12	0.19
C_{28}	0.03	0.03	0.04	0.04	0.05	0.06	0.07	0.09	0.14
C_{29}	0.03	0.03	0.04	0.04	0.05	0.06	0.07	0.09	0.14
C_{30}	0.03	0.03	0.04	0.04	0.05	0.06	0.07	0.09	0.14
C_{31}	11.10	12.09	13.81	15.86	18.42	21.77	26.42	31.50	49.35
合计	100	100	100	100	100	100	100	100	100

（注：左侧表头为"摩尔组成/%"）

表 5 –12 定容衰竭条件下气相组分变化

分级压力/MPa		29.7	26.0	22.0	18.0	14.0	10.0	6.0	3.0	0.1
摩尔组成/%	N_2	0	3.07	3.07	3.03	2.93	2.71	2.33	1.82	0.72
	CO_2	0	0.09	0.10	0.10	0.10	0.11	0.12	0.14	0.12
	H_2S	0	0.06	0.06	0.06	0.06	0.07	0.08	0.11	0.15
	C_1	0	81.53	82.16	82.77	83.20	83.07	81.39	76.39	40.73
	C_2	0	6.85	6.88	6.96	7.16	7.66	8.92	11.45	14.12
	C_3	0	3.73	3.64	3.54	3.50	3.63	4.27	6.07	15.38
	$i - C_4$	0	0.70	0.66	0.62	0.58	0.57	0.64	0.93	4.23
	$n - C_4$	0	1.50	1.40	1.29	1.20	1.16	1.29	1.85	10.23
	$i - C_5$	0	0.49	0.44	0.39	0.34	0.30	0.31	0.43	3.79
	$n - C_5$	0	0.49	0.44	0.38	0.32	0.28	0.29	0.39	3.86
	C_6	0	0.40	0.34	0.28	0.22	0.18	0.16	0.21	2.98
	C_7	0	0.32	0.26	0.20	0.15	0.11	0.09	0.11	1.84
	C_8	0	0.28	0.22	0.16	0.11	0.08	0.06	0.07	1.20
	C_9	0	0.17	0.13	0.09	0.06	0.04	0.02	0.02	0.42
	C_{10}	0	0.12	0.08	0.05	0.03	0.02	0.01	0.01	0.16
	C_{11}	0	0.07	0.05	0.03	0.01	0.01	0.00	0.00	0.05
	C_{12}	0	0.04	0.03	0.02	0.01	0.00	0.00	0.00	0.02
	C_{13}	0	0.03	0.02	0.01	0.00	0.00	0.00	0.00	0.01
	C_{14}	0	0.02	0.01	0.00	0.00	0.00	0.00	0.00	0.00
	C_{15}	0	0.01	0.01	0.00	0.00	0.00	0.00	0.00	0.00
	C_{16}	0	0.01	0.00	0.00	0.00	0.00	0.00	0.00	0.00
	C_{17}	0	0.00	0.00	0.00	0.00	0.00	0.00	0.00	0.00
	C_{18}	0	0.00	0.00	0.00	0.00	0.00	0.00	0.00	0.00
	C_{19}	0	0.00	0.00	0.00	0.00	0.00	0.00	0.00	0.00
	C_{20}	0	0.00	0.00	0.00	0.00	0.00	0.00	0.00	0.00
	C_{21}	0	0.00	0.00	0.00	0.00	0.00	0.00	0.00	0.00
	C_{22}	0	0.00	0.00	0.00	0.00	0.00	0.00	0.00	0.00
	C_{23}	0	0.00	0.00	0.00	0.00	0.00	0.00	0.00	0.00
	C_{24}	0	0.00	0.00	0.00	0.00	0.00	0.00	0.00	0.00
	C_{25}	0	0.00	0.00	0.00	0.00	0.00	0.00	0.00	0.00
	C_{26}	0	0.00	0.00	0.00	0.00	0.00	0.00	0.00	0.00

分级压力/MPa		29.7	26.0	22.0	18.0	14.0	10.0	6.0	3.0	0.1
摩尔组成/%	C_{27}	0	0.00	0.00	0.00	0.00	0.00	0.00	0.00	0.00
	C_{28}	0	0.00	0.00	0.00	0.00	0.00	0.00	0.00	0.00
	C_{29}	0	0.00	0.00	0.00	0.00	0.00	0.00	0.00	0.00
	C_{30}	0	0.00	0.00	0.00	0.00	0.00	0.00	0.00	0.00
	C_{31}	0	0.00	0.00	0.00	0.00	0.00	0.00	0.00	0.00
	合计	0	100	100	100	100	100	100	100	100

当气液两相体积保持125mL不变条件下，各级压力对应的液相体积计算结果如表5-13所示，与实验结果进行对比发现，计算结果比较可靠。

表5-13　定容衰竭条件下液相体积变化

压力/MPa	液量体积/mL	
	计算	实验
29.7	125.0	124.0
26	118.5	116.0
22	112.3	113.2
18	106.5	109.6
14	101.1	105.8
10	95.8	100.6
6	90.3	92.9
3	86.0	79.2
0.1	74.6	42.7

假设无因次压力为1（泡点压力）时对应的液相体积百分数为100%，可得到无因次压力与液相体积百分数关系曲线，将其放入不同类型流体关系图版中（唐养吾，1989；霍启华，1999），原油无因次压力与液相体积百分数关系曲线位于黑油与挥发油边界处，变化趋势介于黑油与挥发油之间（图5-6）。当压力降至泡点压力以下时，原油开始脱气，随着地层压力的降低，大量甲烷以较大比例从原油中析出，地层中液相体积基本呈线性迅速减小，地层压力为泡点压力50%时的原油体积为脱气前的80%，地下原油由于压力降低而发生严重收缩；地层压力降至泡点压力的15%~30%时，析出气体量减少，地层液相体积减小速度稍微变缓；当地层压力降至15%左右时，虽然析出气体甲烷含量降低，但大量中间烃析出，再一次造成地层原油饱和度的迅速下降。该类原油组分组成决定了相态变化的特殊性和其易挥发、易收缩的特点，在进行衰竭式开发时，由于轻烃组分含量较高，地层原油极易脱气而体积发生明显收缩。

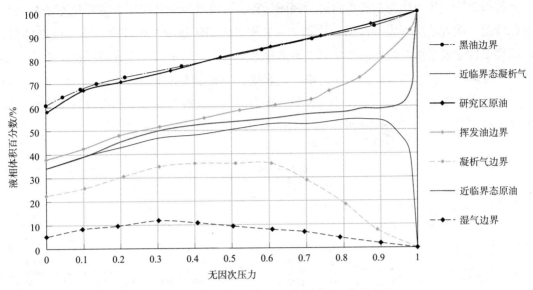

图5-6　典型原油定容衰竭液相体积百分数变化

5.3.3　原油相图变化规律

利用相态预测模型计算典型原油 $P-T$ 相图，发现原油兼有典型挥发油与黑油 $P-T$ 相图的表现特征，与黑油类似的是，油藏条件状态点位于临界凝析点的左侧，且远离临界点，临界凝析压力明显高于临界压力，两相区域较为开阔；与挥发油类似的是等液量线分布向泡点线方向密集，油藏条件状态点地层压力接近于泡点压力，等温降压开采时原油易于脱气、液相易收缩（图5-7）。

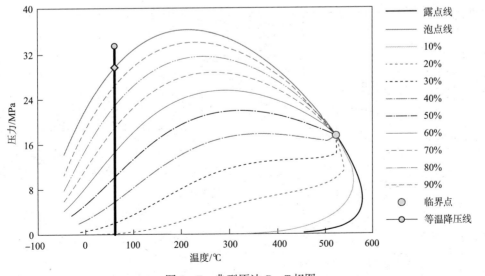

图5-7　典型原油 $P-T$ 相图

　　将每级脱气压力作为初始压力进行相图计算，可以得到随地层压力的变化原油相图的变化情况，随着地层压力的降低，原油 $P-T$ 相图两相区逐渐变小；临界压力逐渐降低，而临界温度逐渐增加，临界点与状态点距离逐渐加大；临界凝析压力逐渐降低，而临界凝析温度逐渐增加，临界凝析点逐渐向临界点靠拢；等液量线分布由向泡点线方向密集逐渐转变为向露点线方向密集。上述变化表明，压力降低原油脱气后，原油组分发生变化，挥发性逐渐降低，$P-T$ 相图逐渐向普通黑油特征转变（图5-8）。

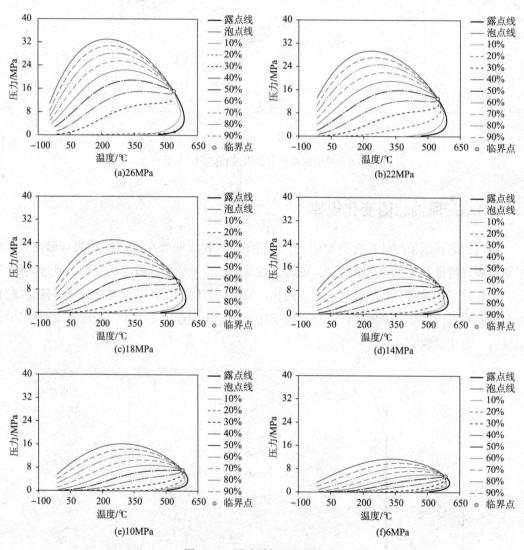

图5-8　原油脱气后相图变化

6 油藏渗流物理特征

NT 油田的地层压力保持水平低，注水开发过程中出现水窜和气窜，储层中发生油气水三相流动。分析其注水驱替特征和渗流物理特征有助于加深对"水窜和气窜"问题本质的认识及指导注水开发效果的改善。本章首先从恒压驱替实验的相渗曲线和驱替效率等入手，分析 NT 油田 KT－Ⅰ层和 KT－Ⅱ层的渗流驱替特征。然后利用高压物性实验，拟合建立地层流体物性与地层压力水平的关系式，探讨不同地层压力保持水平下的原油物性特征和流动能力差异。

6.1 基于相渗曲线的多相渗流特征

对 NT 油田 CT－4 井和 5555 井的岩样测试其油水相渗曲线和油气相曲线。下面以 CT－4 井和 5555 井的相渗曲线为例，分析该油田 KT－Ⅰ层和 KT－Ⅱ层的多相渗流特征。

6.1.1 油水两相渗流特征

按照陈元千提出的相渗曲线归一化处理方法，分别对两口井的油水相渗曲线进行标准化处理，可得到代表两个油层组的平均相渗曲线。

1. CT－4 井：KT－Ⅰ层

KT－Ⅰ层 6 个样品的油水相渗曲线经标准化平均处理后，束缚水饱和度为 33.3%，等渗点含水饱和度为 46.7%，剩余油饱和度为 39.6%（图 6－1）。等渗点含水饱和度略小于 50%，表明岩石润湿性偏亲油或中等。根据平均油水相渗曲线特征，可对开发过程中的生产阶段进行如下划分：① S_w < 33.3% 时，产纯油阶段，只产油不产水；② 33.3% ≤ S_w ≤ 46.7% 时，产油带水阶段，主要产油，见少量水；③ 46.7% < S_w ≤ 60.4% 时，产水带油阶段，主要产水，见少量油；④ S_w > 60.4% 时，只产水阶段，基本不产油（表 6－1）。

2. CT－4 井：KT－Ⅱ层

KT－Ⅱ层 6 个样品的油水相渗曲线经标准化平均处理后，束缚水饱和度为 40.5%，等渗点含水饱和度为 50.5%，剩余油饱和度为 32.9%（图 6－2）。等渗点含水饱和度接近

50%，表明岩石为中等润湿性。根据平均油水相渗曲线特征，可对开发过程中的生产阶段进行如下划分：①S_w<40.5%时，产纯油阶段，只产油不产水；②40.5%≤S_w≤50.5%时，产油带水阶段，主要产油，见少量水；③50.5%<S_w≤67.1%时，产水带油阶段，主要产水，见少量油；④S_w>67.1%时，只产水阶段，基本不产油（表6-1）。

对CT-4井而言，KT-Ⅰ层和KT-Ⅱ层的油水两相区均比较窄，KT-Ⅰ层的束缚水饱和度、等渗点含水饱和度都低于KT-Ⅱ层，而KT-Ⅰ层的剩余油饱和度却高于KT-Ⅱ层，说明KT-Ⅰ层产纯油的条件更为苛刻，油水同产期时间更短，产水量增加更快。在注水开发时，KT-Ⅰ层更容易发生水窜。

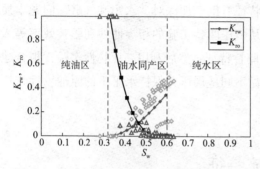

图6-1　KT-Ⅰ油层组油水相对渗透率标准化
曲线关系图（CT-4井）

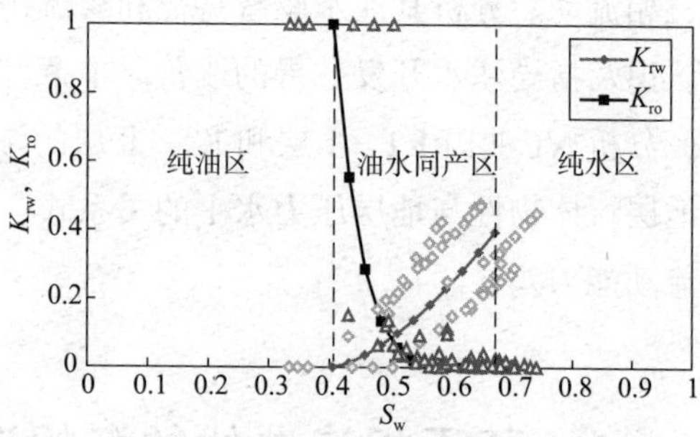

图6-2　KT-Ⅱ油层组油水相对渗透率标准化
曲线关系图（CT-4井）

表6-1　NT油田典型油井油水相渗曲线生产阶段划分（CT-4井和5555井）

含水饱和度		产纯油阶段	产油带水阶段	产水带油阶段	只产水阶段
KT-Ⅰ	CT-4	S_w<33.3%	33.3%≤S_w≤46.7%	46.7%≤S_w≤60.4%	S_w>60.4%
	5555	S_w<32.9%	32.9%≤S_w≤56.4%	56.4%≤S_w≤72.3%	S_w>72.3%
KT-Ⅱ	CT-4	S_w<40.5%	40.5%≤S_w≤50.5%	50.5%≤S_w≤67.1%	S_w>67.1%
	5555	S_w<29.3%	29.3%≤S_w≤57.3%	57.3%≤S_w≤81.2%	S_w>81.2%
特征		产油，含水率很低	油水同产，含水率较高	主要产水，含少量油	主要产水，含凝析油

3. 5555井：KT-Ⅰ层

KT-Ⅰ层3个样品的油水相渗曲线经标准化平均处理后，束缚水饱和度为32.9%，等渗点含水饱和度为56.4%，剩余油饱和度为27.7%。等渗点含水饱和度大于50%，表明岩石润湿性偏亲水（图6-3）。根据平均油水相渗曲线特征，可对开发过程中的生产阶段进行以下的划分：①S_w<32.9%时，产纯油阶段，只产油不产水；②32.9%≤S_w≤56.4%时，产油带水阶段，主要产油，见少量水；③56.4%<S_w≤72.3%时，产水带油阶段，主要产水，见少量油；④S_w>72.3%时，只产水阶段，基本不产油（表6-1）。

4. 5555 井：KT-Ⅱ层

KT-Ⅱ层 7 个样品的油水相渗曲线经标准化平均处理后，束缚水饱和度为 29.3%，等渗点含水饱和度为 57.3%，剩余油饱和度为 18.8%。等渗点含水饱和度大于 50%，表明岩石润湿性偏亲水（图 6-4）。同样，根据平均油水相渗曲线特征，可对开发过程中的生产阶段进行如下的划分：① S_w < 29.3% 时，产纯油阶段，只产油不产水；② 29.3% ≤ S_w ≤ 57.3% 时，产油带水阶段，主要产油，见少量水；③ 57.3% < S_w ≤ 81.2% 时，产水带油阶段，主要产水，见少量油；④ S_w > 81.2% 时，只产水阶段，基本不产油（表 6-1）。

对 5555 井而言，KT-Ⅱ层的油水两相区比 KT-Ⅰ层宽，说明 KT-Ⅱ层油水同产时间更长，产水量增加更慢。因此，与 CT-4 井相同，在注水开发时，KT-Ⅰ层更容易发生水窜。

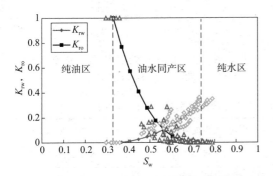

图 6-3　KT-Ⅰ油层组油水相对渗透率标准化曲线关系图（5555 井）

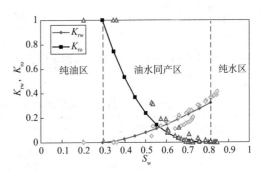

图 6-4　KT-Ⅱ油层组油水相对渗透率标准化曲线关系图（5555 井）

对比 CT-4 井和 5555 井油水相渗曲线的生产阶段划分结果，可看出 KT-Ⅰ层和 KT-Ⅱ层的油水两相渗流特征差异大，注水开发时 KT-Ⅰ层更易水窜。这与 NT 油田 KT-Ⅰ层的水窜比 KT-Ⅱ层更严重的特征相符。

6.1.2　油气两相渗流特征

模拟气驱油过程，对 CT-4 井的岩样开展油气相对渗透率分析。采用与陈元千的油水相渗曲线归一化处理相似的原理，对 KT-Ⅰ层和 KT-Ⅱ层的油气相渗曲线进行标准化处理，获得代表两个油层组油气两相渗流特征的平均相渗曲线。

1. CT-4 井：KT-Ⅰ层

根据 KT-Ⅰ层 3 个样品标准化平均处理后的油气相渗曲线，油层在开采中可划分为以下三个阶段：① S_g < 9.9%，油气同产阶段，以产油为主，产少量溶解气，气油比低；② 9.9% ≤ S_g ≤ 28.6%，产气带油阶段，以产气为主，气油比高；③ S_g > 28.6%，产纯气阶段，有少量凝析油（图 6-5、表 6-2）。

2. CT-4 井：KT-Ⅱ 层

根据 KT-Ⅱ 层 3 个样品标准化平均处理后的油气相渗曲线，油层在开采中同样可划分为三个阶段：①$S_g < 17.1\%$，油气同产阶段，以产油为主，气油比低；②$17.1\% \leq S_g \leq 30.6\%$，产气带油阶段，以产气为主，气油比高；③$S_g > 30.6\%$，产纯气阶段，有少量凝析油（图6-6、表6-2）。

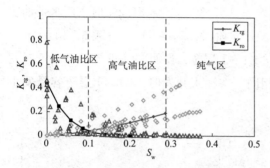

图6-5 KT-Ⅰ油层组油气相对渗透率标准化曲线关系图（CT-4井）　　图6-6 KT-Ⅱ油层组油气相对渗透率标准化曲线关系图（CT-4井）

表6-2 NT油田典型油井油气相渗曲线生产阶段划分（CT-4井）

含气饱和度	产纯油阶段	油气同产阶段	产气带油阶段	产纯气阶段
KT-Ⅰ	—	$S_g < 9.9\%$	$9.9\% \leq S_g \leq 28.6\%$	$S_g > 28.6\%$
KT-Ⅱ		$S_g < 17.1\%$	$17.1\% \leq S_g \leq 30.6\%$	$S_g > 30.6\%$
特征	只产油	主产油，气油比低	油气同产，气油比高	主产气，少量凝析油

对比 CT-4 井 KT-Ⅰ 层和 KT-Ⅱ 层的平均油气相渗曲线，可得到以下几点认识：

（1）KT-Ⅰ 层和 KT-Ⅱ 层的油气同产区的宽度接近，但 KT-Ⅰ 层的等渗点含气饱和度低于 KT-Ⅱ 层，气油比上升更快。

（2）KT-Ⅰ 层更易受到压力降低和溶解气分离的影响。储层含气饱和度一旦超过等渗点含气饱和度时，油井产油量会迅速降低，将不利于放大生产压差来提高油井的产量和采油速度。

（3）仅从储层情况来看，KT-Ⅰ 层发生气窜的风险更高，但油田 KT-Ⅰ 层和KT-Ⅱ层的气窜强弱情况还需要考虑地层压力保持水平和地层流体性质等因素。

6.2　注水驱油实验及驱替特征

通过对岩心进行注水驱油实验，在一定程度上能够研究储层中可采油的含量，并分析储层的采收率。选取 CT-4 井16 个样品进行注水驱油实验，实验流程为：先将岩样洗油测定孔隙度和渗透率；然后充分饱和水，用油驱水测定原始含水饱和度；最后用水驱油测定不同注水量（折算成孔隙体积的倍数 V_p）下驱出的油量并计算驱油效率。

6.2.1 注水驱油效率分析

图6－7和图6－8分别为KT－Ⅰ层和KT－Ⅱ层岩样在不同注入孔隙体积倍数下的驱油效率，可以看出水对油的驱替作用均主要发生在低注水倍数阶段。在低注水倍数阶段，驱油效率急速上升，然后驱油效率曲线进入水平段，继续注水对驱油效率的影响微弱。因此，油井见水后会快速水淹。当注水量为孔隙体积的0.5倍时，KT－Ⅰ层和KT－Ⅱ层的驱油效率分别为37.2%和25.5%，已分别完成总驱油量的88.2%和83.1%。统计CT－4井所有岩样的水驱油实验结果，KT－Ⅰ层的水驱油效率为30.00% ~ 54.55%，平均为45.1%；KT－Ⅱ层的水驱油效率为23.78% ~43.90%，平均为29.9%。整体上，KT－Ⅱ层的水驱油效率低于KT－Ⅰ层。

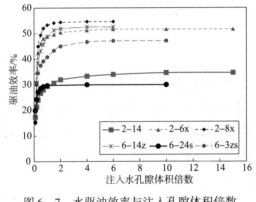

图6－7 水驱油效率与注入孔隙体积倍数
关系曲线图（KT－Ⅰ）

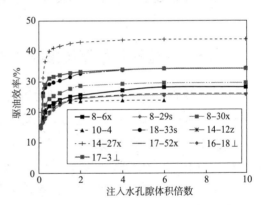

图6－8 水驱油效率与注入孔隙体积倍数
关系曲线图（KT－Ⅱ）

6.2.2 驱油效率与产水率的关系

图6－9为CT－4井KT－Ⅰ层岩样的产水率与驱油效率的关系曲线，可看出：KT－Ⅰ层的无水期驱油效率介于15% ~45%之间；见水后产水率急剧上升，但驱油效率基本不变，说明水窜严重，符合裂缝孔隙型油藏注水开发的特点；产水率高于75%后，驱油效率整体快速抬升，平均增加约15%，说明高含水阶段的驱油效率高于中低含水阶段。图6－10为CT－4井KT－Ⅱ层岩样的产水率与驱油效率关系曲线，其驱油效率整体上比KT－Ⅰ层低5%，其余特征与KT－Ⅰ层基本相同。总体上，KT－Ⅰ层和KT－Ⅱ层注水驱替时水窜均较严重，需要在高含水阶段牺牲产水换取采收率。

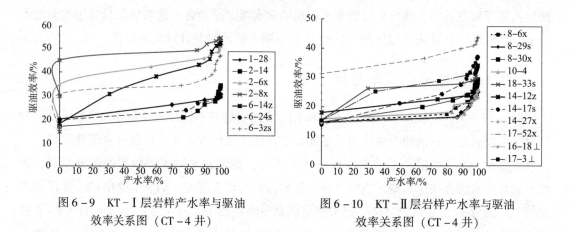

图 6-9 KT-Ⅰ层岩样产水率与驱油
效率关系图（CT-4井）

图 6-10 KT-Ⅱ层岩样产水率与驱油
效率关系图（CT-4井）

6.3 裂缝孔隙型储层渗吸驱油特征

6.3.1 裂缝孔隙型储层渗吸现象

双重孔隙介质储层注水开发的动力主要包含注入水压力梯度、毛管力和重力。对于亲水岩块基质系统而言，主要的动力为毛管力，在毛管力作用下注入到裂缝中的水与基质中的原油发生交换，基质中的含水饱和度增加、含油饱和度降低，该过程即为渗吸现象。

Craig（1971）认为将饱和有原油的亲水岩块浸入纯水中，岩块中的原油由于渗吸作用而与水发生交换，经过 t 时间后，累积交换量 $Q_{mo}(t)$ 为：

$$Q_{mo}(t) = R \cdot (1 - e^{-\lambda t}) \tag{6-1}$$

式中，$Q_{mo}(t)$ 为 t 时间后单位体积岩块原油交换量，无量纲；R 为单位体积岩块最大交换量，无量纲；λ 为表示渗吸强度大小的常数，量纲为 $1/t$；R 与 λ 取决于油、水和岩石的性质，可通过实验来测定。

将上式对时间求导可得渗吸强度 $q_{mo}(t)$ 为：

$$q_{mo}(t) = R\lambda \cdot e^{-\lambda t} \tag{6-2}$$

双重孔隙介质储层进行注水开发时，储层的含水饱和度是动态变化的，因而上式不可以直接应用于双重孔隙介质中，应该考虑在不同含水饱和度条件下基质岩块原油的交换量。当亲水岩块浸入含水饱和度为 S_{fw} 的流体环境 τ 时间后渗吸强度为：

$$q_{mo}(\tau) = S_{fw} \cdot R\lambda \cdot e^{-\lambda t} \tag{6-3}$$

由于裂缝含水饱和度 S_{fw} 发生变化后，渗吸强度随之变化，其大小可以用叠加原理得到。假设裂缝中初始含水饱和度为 0，将时间 t 分成 n 个微元 Δt，若 $t_0 = 0$，$t_n = t$，则有：

$$q_{mo}(t) = R\lambda \cdot \{ S_{fw}(t_0) \cdot e^{-\lambda(t-t_0)} + [S_{fw}(t_1) - S_{fw}(t_0)] \cdot e^{-\lambda(t-t_1)} +$$
$$[S_{fw}(t_2) - S_{fw}(t_1)] \cdot e^{-\lambda(t-t_2)} + \cdots\cdots [S_{fw}(t_n) - S_{fw}(t_{n-1})] \cdot e^{-\lambda(t-t_{n-1})} \}$$
$$= R\lambda \cdot \{ S_{fw}(t_0) \cdot [e^{-\lambda(t-t_0)} - e^{-\lambda(t-t_1)}] + S_{fw}(t_1) \cdot [e^{-\lambda(t-t_1)} - e^{-\lambda(t-t_2)}] +$$
$$\cdots\cdots + S_{fw}(t_{n-1}) \cdot [e^{-\lambda(t-t_{n-1})} - e^{-\lambda(t-t_n)}] + S_{fw}(t_n) \cdot e^{-\lambda(t-t_n)} \}$$
$$= R\lambda \cdot \left[S_{fw}(t) - \lambda \cdot \int_0^t S_{fw}(\tau) \cdot e^{-\lambda(t-\tau)} d\tau \right] \tag{6-4}$$

式 (6-4) 即为双重孔隙介质中任意一点裂缝与基质进行交换的渗吸强度方程。该方程带有积分形式，为了便于实际应用中的计算，需要对上式作进一步的推导。由于存在分部积分：

$$\frac{d\left[\int_0^t S_{fw}(\tau) \cdot e^{-\lambda(t-\tau)} d\tau \right]}{dt} = -\lambda \cdot e^{-\lambda t} \cdot \int_0^t S_{fw}(\tau) \cdot e^{\lambda\tau} d\tau + e^{-\lambda t} \cdot e^{\lambda t} \cdot S_{fw}(t)$$
$$= -\lambda \cdot \int_0^t S_{fw}(\tau) \cdot e^{-\lambda(t-\tau)} d\tau + S_{fw}(t) \tag{6-5}$$

对式 (6-5) 积分得到累计交换量：

$$R\lambda \cdot \int_0^t \left[S_{fw}(t) - \lambda \cdot \int_0^t S_{fw}(\tau) \cdot e^{-\lambda(t-\tau)} d\tau \right] dt = R\lambda \cdot \int_0^t S_{fw}(\tau) \cdot e^{-\lambda(t-\tau)} d\tau \tag{6-6}$$

联立式 (6-4) 和式 (6-6) 可得：

$$q_{mo}(t) = R\lambda \cdot S_{fw}(t) - \lambda Q_{mo}(t) \tag{6-7}$$
$$Q_{mo}(t) = \varphi_m \cdot [S_{mw}(t) - S_{mwi}] \tag{6-8}$$

式中，φ_m 为岩块孔隙度，小数；$S_{mw}(t)$ 为 t 时刻岩块中的含水饱和度，小数；S_{mwi} 为岩块中的初始含水饱和度，小数。进一步有：

$$q_{mo}(t) = R\lambda \cdot S_{fw}(t) - \lambda \cdot \varphi_m \cdot [S_{mw}(t) - S_{mwi}] \tag{6-9}$$

通过式 (6-9) 可计算双重孔隙介质中任意一点在某时刻裂缝与基质进行交换的渗吸强度。

6.3.2 考虑渗吸的一维驱替数学模拟

目前比较典型的双重孔隙介质模型有三种，分别为 Warren-Root 模型、De Swan 模型和 Kazemi 模型。现以 Warren-Root 模型为例对双重孔隙介质模型进行研究，阐述其水驱油机理，在渗吸作用的影响下分析双重孔隙介质一维驱替问题。

对于双重孔隙介质储层（图 6-11），裂缝渗透率远大于基质渗透率，裂缝作为主要流动介质，基质作为主要储集空间。由于岩石亲水而发生渗

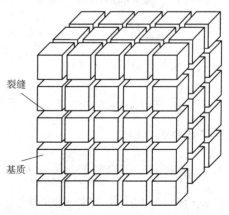

图 6-11 双重孔隙介质 Warren-Root 模型

吸作用，基质中的原油被置换到裂缝中，所以将基质中的流动忽略。假设渗入裂缝为正，渗出裂缝为负，基质为各向同性介质，并且裂缝均匀分布。对于基质系统，其连续性方程为：

$$-q_{mw}(t) = \varphi_m \cdot \frac{\partial S_{mw}(t)}{\partial t} \tag{6-10}$$

裂缝系统的连续性方程如下：

油相
$$-\frac{\partial \vec{\nu}_{f_o}}{\partial x} + q_{mo} = \varphi_f \frac{\partial S_{f_o}}{\partial t} \tag{6-11}$$

水相
$$-\frac{\partial \vec{\nu}_{f_w}}{\partial x} + q_{mw} = \varphi_f \frac{\partial S_{f_w}}{\partial t} \tag{6-12}$$

$$q_{wo} + q_{mw} = 0 \tag{6-13}$$

$$S_{f_o} + S_{f_w} = 1 \tag{6-14}$$

裂缝系统的运动方程如下：

油相
$$\vec{\nu}_{f_o} = -\frac{K_f K_{fro}}{\mu_o} \cdot \frac{\partial(P_{fo} - \rho_o g L \sin\beta)}{\partial x} \tag{6-15}$$

水相
$$\vec{\nu}_{f_w} = -\frac{K_f K_{frw}}{\mu_w} \cdot \frac{\partial(P_{fw} - \rho_w g L \sin\beta)}{\partial x} \tag{6-16}$$

$$\vec{\nu}_f = \vec{\nu}_{fo} + \vec{\nu}_{fw} \tag{6-17}$$

$$P_f = P_{fo} - P_{fw} \tag{6-18}$$

式中，q_{mw} 和 q_{mo} 分别为单位时间内单位体积基质水相渗吸强度和油相交换量，$1/T$；$\vec{v}_{fo}$ 和 $\vec{v}_{fw}$ 分别为裂缝中油相和水相渗流速度，cm/s；$\vec{v}_f$ 为裂缝中流体总渗流速度，cm/s；K_f 为裂缝岩石绝对渗透率，D；β 为岩石裂缝倾角，$(°)$；μ_o 和 μ_w 分别为油相和水相黏度，$mPa \cdot s$；P_{fo} 和 P_{fw} 分别为岩石裂缝某位置处油相和水相的压力，atm；L 为岩石裂缝长度，m；φ_f 为岩石裂缝孔隙度，小数；S_{fo} 和 S_{fw} 分别为裂缝中含油和含水饱和度，小数；下标 m 代表基质系统，f 代表裂缝系统。

由裂缝系统中油水两相连续性方程可知：

$$\frac{\partial \vec{\nu}_f}{\partial x} = \frac{\partial \vec{\nu}_{fo}}{\partial x} + \frac{\partial \vec{\nu}_{fw}}{\partial x} = q_{mo} - \varphi_f \frac{\partial S_{fo}}{\partial t} + q_{mw} - \varphi_f \frac{\partial S_{fw}}{\partial t} = 0 \tag{6-19}$$

对于水相有：

$$\varphi_f \frac{\partial S_{fw}}{\partial t} = q_{mw} - \frac{\partial \vec{\nu}_{fw}}{\partial x} = q_{mw} - \frac{\partial[f_w(S_{fw}) \cdot \vec{\nu}_f]}{\partial x} = q_{mw} - \vec{\nu}_f \cdot \frac{\partial f_w(S_{fw})}{\partial x} \tag{6-20}$$

考虑渗吸方程得：

$$\varphi_f \frac{\partial S_{fw}}{\partial t} + \vec{\nu}_f \cdot f'_w(S_{fw}) \frac{\partial S_{fw}}{\partial x} + R\lambda \cdot S_{fw}(t) - \lambda \cdot [S_{mw}(t) - S_{mwi}] = 0 \tag{6-21}$$

式（6-21）为复杂的一阶拟线性双曲型偏微分方程，若忽略渗吸项 q_{mw} 即为孔隙型介质一维驱替方程。

同样采用特征线方法对其求解，可知其特征线方程为：

$$\varphi_{\mathrm{f}} \frac{\mathrm{d}x}{\mathrm{d}t} - \vec{\nu}_{\mathrm{f}} \cdot \frac{\partial f_{\mathrm{w}}(S_{\mathrm{f_w}})}{\partial S_{\mathrm{f_w}}} = 0 \qquad (6-22)$$

且沿特征线有：

$$\varphi_{\mathrm{f}} \cdot \frac{\mathrm{d}S_{\mathrm{f_w}}}{\mathrm{d}t} + R\lambda \cdot S_{\mathrm{f_w}}(t) - \lambda \cdot \varphi_{\mathrm{m}} \cdot [S_{\mathrm{mw}}(t) - S_{\mathrm{mwi}}] = 0 \qquad (6-23)$$

与孔隙型介质储层相比，双重孔隙介质储层一维驱替问题的解存在较大差异，由于渗吸作用沿特征线方向含水饱和度是随时间变化的，即当饱和度面在 $\mathrm{d}t$ 时间移动 $\mathrm{d}x$ 距离后，含水饱和度变化 $\mathrm{d}S_{\mathrm{f_w}}$。

当水油黏度比小于 1 时，若裂缝中初始含水为 0，裂缝中含水饱和度 $S_{\mathrm{f_w}}$ 为 0 和 1 时对应的 $f_{\mathrm{w}}(S_{\mathrm{f_w}})$ 值分别为 0 和 1。自 $(x, S_{\mathrm{f_w}}) = (0, 1)$ 发出的特征线随着 x 的增加含水饱和度 $S_{\mathrm{f_w}}$ 由 1 单调递减为 0，因而前缘处有：

$$f_{\mathrm{w}}'(S_{\mathrm{f_{wf}}}) = \frac{\mu_{\mathrm{o}}}{\mu_{\mathrm{w}}} \qquad (6-24)$$

由特征线方程得前缘运动速度为：

$$\frac{\mathrm{d}x}{\mathrm{d}t} = \frac{\mu_{\mathrm{o}} \cdot \vec{\nu}_{\mathrm{f}}}{\mu_{\mathrm{w}} \cdot \varphi_{\mathrm{f}}} \qquad (6-25)$$

对其积分可得到不同时刻前缘到达位置：

$$x_{\mathrm{f}} - x_{\mathrm{o}} = \frac{\mu_{\mathrm{o}} \cdot w(t)}{A \cdot \mu_{\mathrm{w}} \cdot \varphi_{\mathrm{f}}} \qquad (6-26)$$

当水油黏度相等时，由分流方程知：$f_{\mathrm{w}}(S_{\mathrm{f_w}}) = S_{\mathrm{f_w}}$，$f_{\mathrm{w}}'(S_{\mathrm{f_w}}) = 1$，此时前缘运动速度方程与特征线方程均为：

$$\frac{\mathrm{d}x}{\mathrm{d}t} = \frac{\vec{\nu}_{\mathrm{f}}}{\varphi_{\mathrm{f}}} \qquad (6-27)$$

自 $(x, S_{\mathrm{f_w}}) = (0, 0)$ 到 $(0, 1)$ 发出的各特征线前缘饱和度与位置相同，前缘饱和度根据特征线方程与特征线条件计算得到，而不同时刻前缘到达位置为：

$$x_{\mathrm{f}} - x_{\mathrm{o}} = \frac{w(t)}{A \cdot \varphi_{\mathrm{f}}} \qquad (6-28)$$

当水油黏度比大于 1 时，其含水率 $f_{\mathrm{w}}(S_{\mathrm{f_w}})$ 随着 $S_{\mathrm{f_w}}$ 的增加而上升，且上升趋势逐渐加快，$f_{\mathrm{w}}'(S_{\mathrm{f_w}})$ 随含水饱和度 $S_{\mathrm{f_w}}$ 单调递增。当水油黏度比大于 1 时，前缘饱和度存在间断，通过渗吸方程和特征线条件可确定水油黏度比大于或等于 1 时注水前缘含水饱和度。与前缘前部相邻的位置初始含水饱和度为 0，所以与基质不发生流体交换，因而由式 (6-23) 得：

$$\varphi_{\mathrm{f}} \cdot \frac{\mathrm{d}S_{\mathrm{f_{wf}}}}{\mathrm{d}t} = -R\lambda \cdot S_{\mathrm{f_{wf}}}(t) \qquad (6-29)$$

上式为一阶常微分方程，对其求解可得该情况下前缘含水饱和度为：

$$S_{fwf}(t) = e^{-\frac{R\lambda}{\varphi_f}t} \quad\quad\quad (6-30)$$

因此当水油黏度比大于或等于 1 时，前缘含水饱和度随时间呈指数递减。

由式（6-22）可得到某时刻 t 时裂缝中含水饱和度的分布：

$$x = \frac{q}{A \cdot \varphi_f} \int_0^t \frac{\partial f_w(S_{fw})}{\partial S_{fw}} dt \quad\quad\quad (6-31)$$

根据基质连续性方程和渗吸方程可得到 t 时刻基质中含水饱和度的分布：

$$S_{mw}(t) = S_{mwi} + \frac{R\lambda}{\varphi_m} \cdot e^{-\lambda t} \int_0^t S_{fw}(t) \cdot e^{\lambda t} dt \quad\quad\quad (6-32)$$

式（6-31）与式（6-32）带有积分项，难以得到其解析解，在具体计算中采用数值迭代方法求解该问题。首先根据特征线条件式（6-23）和特征线方程式（6-22）计算第一个时间步等含水饱和度面移动距离 dx 和变化量 dS_{fw}，根据式（6-9）计算当前渗吸强度，并由式（6-10）得到基质中含水饱和度变化 dS_{mw}，依次交替循环计算可得下一个时间步等含水饱和度面移动距离 dx 和变化量 dS_{fw} 以及对应的基质中含水饱和度变化 dS_{mw}，最终可得到不同时刻下的特征线变化。然后按照上述步骤分别依次计算自 (x, S_{fw}) = $(0, 1)$ 到 $(0, 0)$ 发出的各特征线，便可以得到不同时刻岩心中含水饱和度分布。计算注水前缘到达采出端时裂缝和基质中含水饱和度的分布以后，可得到岩石平均含水饱和度 S_{wavg}，进而可通过式（6-32）得到双重孔隙介质储层见水时的原始地质储量采出程度。为了便于研究引入无量纲：

$$x_D = \frac{x}{L}, q_D = \frac{q}{\lambda AL}, t_D = t\lambda \qu\quad\quad (6-33)$$

式（6-22）和式（6-23）可化为：

$$\varphi_f \frac{dx_D}{dt_D} - q_D \cdot \frac{\partial f_w(S_{fw})}{\partial S_{fw}} = 0 \qu\quad\quad (6-34)$$

$$\varphi_f \cdot \frac{dS_{fw}}{dt_D} + R \cdot S_{fw}(t) - \varphi_m \cdot [S_{mw}(t) - S_{mwi}] = 0 \quad\quad\quad (6-35)$$

假设注入端 $x_o = 0$，水油黏度比为 0.7，基质与裂缝孔隙度分别为 12% 和 1.5%，基质与裂缝中束缚水饱和度分别为 0.29 和 0，裂缝中残余油饱和度为 0，单位体积岩块最大交换量为 0.065。通过计算可以分析考虑渗吸的一维驱替渗流特征。

1. 油水两相渗流区域内裂缝与基质中含水饱和度分布

裂缝中前缘后的位置含水饱和度较高，随着注水的进行，注水前缘向前逐步推进，直到注入水突破油井见水，裂缝中含水饱和度逐渐增加；基质中含水饱和度前期增加缓慢，注水一段时期后，含水饱和度明显增加，基质中原油由于渗吸作用进入裂缝中从而被采出，注水后期含水饱和度增加变缓，渗吸作用减弱（图6-12、图6-13）。

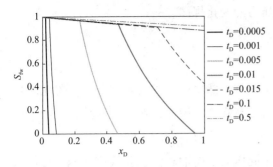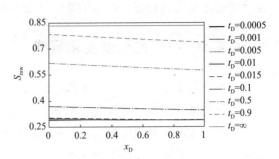

图 6-12　油水两相渗流区域内不同时刻裂缝中　　　图 6-13　油水两相渗流区域内不同时刻基质中
含水饱和度分布（$q_D = 1$）　　　　　　　　　　含水饱和度分布（$q_D = 1$）

2. 注入水突破时间和无水采收率

根据式（6-36）可计算注入水突破无量纲时间为：

$$t_D = \frac{\mu \cdot \varphi_f}{q_D} \tag{6-36}$$

由上式可看出注入水突破时间与水油黏度比、裂缝孔隙度成正比，与注水速度成反比。假设 $q_D = 0.05$，注入水突破无量纲时间为：

$$t_D = \frac{\mu \cdot \varphi_f}{q_D} = \frac{0.7 \times 0.015}{0.05} = 0.21$$

图 6-14 为注入水突破时裂缝与基质含水饱和度分布情况。对裂缝与基质中含水饱和度曲线分别积分可以得到岩心无水采收率为 9.76%。

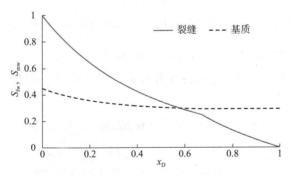

图 6-14　注入水突破时裂缝与基质中含水饱和度分布（$q_D = 0.05$）

6.4　不同地层压力保持水平下的原油物性变化规律

相渗测试实验和注水驱替实验均是在恒压条件下进行，而 NT 油田的地层压力在持续下降，目前处于较低的水平，因此更值得研究的是开发过程中不同地层压力保持水平下地层原油的渗流物理特征，即原油物性随着地层压力的变化规律。

6.4.1　油气饱和度变化规律

油藏在低于泡点压力下开采时，原油将发生脱气，储层中出现气、液两相。若无能量补给，气相饱和度将逐渐增加，而油相饱和度将逐渐降低。因此，在油藏开采过程中地层压力发生变化时，储层中的油气饱和度是持续变化的。选取 NT 油田 KT－Ⅰ层和 KT－Ⅱ层的典型原油样品进行定容衰竭实验，通过计量不同压力下的油相体积和气相体积，可得到 KT－Ⅰ层和 KT－Ⅱ层衰竭式开发时不同地层压力保持水平下含油饱和度和含气饱和度的变化规律（图 6－15）：在相同地层压力水平下，KT－Ⅰ层的含气饱和度低于 KT－Ⅱ层，含油饱和度高于 KT－Ⅱ层，说明 KT－Ⅱ层的原油更容易脱气。

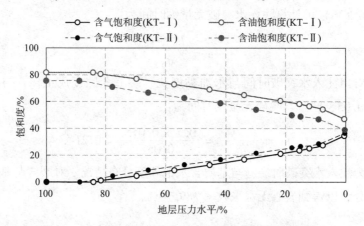

图 6－15　不同地层压力水平下含油与含气饱和度变化

通过拟合可建立 NT 油田 KT－Ⅰ层的含油饱和度 S_{o1}、含气饱和度 S_{g1} 以及 KT－Ⅱ层的含油饱和度 S_{o2}、含气饱和度 S_{g2} 与地层压力水平 L_p 的关系式，拟合度均在 0.99 左右。关系式分别为：

$$S_{o1} = -0.0024L_p^2 + 0.5724L_p + 48.894 \qquad (6-37)$$

$$S_{g1} = 0.0024L_p^2 - 0.5724L_p + 32.806 \qquad (6-38)$$

$$S_{o2} = 0.0014L_p^2 + 0.4991L_p + 40.777 \qquad (6-39)$$

$$S_{g2} = 0.0014L_p^2 - 0.4991L_p + 34.723 \qquad (6-40)$$

式中，S_o 为含油饱和度，%；S_g 为含气饱和度，%；L_p 为地层压力水平，%。

6.4.2　油气相对渗透率变化规律

图 6－16 为 NT 油田 KT－Ⅰ层和 KT－Ⅱ层的归一化油气相渗曲线。将不同地层压力水平下的含油饱和度和含气饱和度与归一化后的油气相渗曲线相结合，可得到不同地层压力水平下的油气相渗变化规律（图 6－17、图 6－18）。随着地层压力下降，地层原油开始脱

气，KT－Ⅰ层和KT－Ⅱ层开始脱气时的地层压力水平分别为83%和88%。地层原油脱气后，地层含气饱和度快速上升，气相渗透率稍有抬升，而油相渗透率快速下降，尤其在低地层压力水平下（<60%），原油的渗流能力显著变差。对比KT－Ⅰ层和KT－Ⅱ层的相渗变化规律，可以看出KT－Ⅰ层油相渗透率的下降速度和气相渗透率的上升速度比KT－Ⅱ层慢，并且明显有所滞后。同时，在相同的地层压力水平下，KT－Ⅰ层的油相渗透率高于KT－Ⅱ层，而气相渗透率低于KT－Ⅱ层，说明KT－Ⅱ层的原油渗流能力受脱气的影响更为严重。

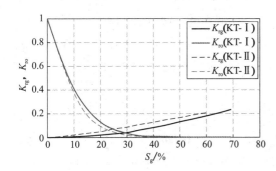

图6－16　KT－Ⅰ层和KT－Ⅱ层的
归一化油气相渗曲线

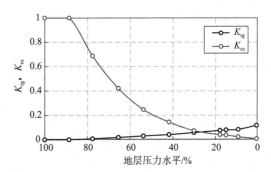

图6－17　不同地层压力水平下油气
相渗变化规律（KT－Ⅰ）

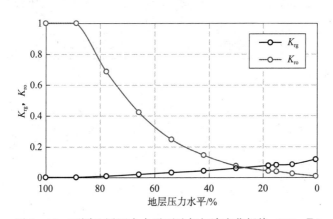

图6－18　不同地层压力水平下油气相渗变化规律（KT－Ⅱ）

通过拟合可建立NT油田KT－Ⅰ层的油相相对渗透率K_{ro1}、气相相对渗透率K_{rg1}以及KT－Ⅱ层的油相相对渗透率K_{ro2}、气相相对渗透率K_{rg2}与地层压力水平L_p的关系式，拟合度均在0.99左右。关系式分别为：

$$K_{ro1} = -10^{-9}L_p^5 + 2 \times 10^{-7}L_p^4 - 10^{-5}L_p^3 + 0.0003L_p^2 + 0.0019L_p + 0.0166 \quad (6-41)$$

$$K_{rg1} = 5 \times 10^{-9}L_p^4 - 10^{-6}L_p^3 + 10^{-4}L_p^2 - 0.0035L_p + 0.0603 \quad (6-42)$$

$$K_{ro2} = -2 \times 10^{-9}L_p^5 + 4 \times 10^{-7}L_p^4 - 3 \times 10^{-5}L_p^3 + 0.0008L_p^2 - 0.0057L_p + 0.0144 \quad (6-43)$$

$$K_{rg2} = 4 \times 10^{-9}L_p^4 - 9 \times 10^{-7}L_p^3 + 7 \times 10^{-5}L_p^2 - 0.0033L_p + 0.1148 \quad (6-44)$$

式中，K_{ro} 为油相相对渗透率，小数；K_{rg} 为气相相对渗透率，小数；L_p 为地层压力水平，%。

6.4.3　油气黏度变化规律

对来自 KT-Ⅰ 层和 KT-Ⅱ 层的典型原油样品进行多级脱气实验，可分别得到不同地层压力水平下原油和气体的黏度变化规律（图 6-19）。从图中可以看出，在地层压力下降过程中，原油黏度逐渐增加，气体黏度逐渐降低。当地层压力水平高于 50% 时，原油黏度增加幅度不大，但当地层压力水平低于 50% 后，原油黏度急剧增加。因此，低地层压力水平下，原油黏度较高。通过拟合可建立 NT 油田 KT-Ⅰ 层的原油黏度 μ_{o1}、气体黏度 μ_{g1} 以及 KT-Ⅱ 层的原油黏度 μ_{o2}、气体黏度 μ_{g2} 与地层压力水平 L_p 的关系式，拟合度均在 0.99 左右。关系式分别为：

$$\mu_{o1} = -5 \times 10^{-6} L_p^3 + 0.0014 L_p^2 - 0.1168 L_p + 4.1923 \tag{6-45}$$

$$\mu_{g1} = 6 \times 10^{-7} L_p^2 + 7 \times 10^{-5} L_p + 0.0104 \tag{6-46}$$

$$\mu_{o2} = -4 \times 10^{-6} L_p^3 + 0.001 L_p^2 - 0.0911 L_p + 3.7159 \tag{6-47}$$

$$\mu_{g2} = 9 \times 10^{-7} L_p^2 + 7 \times 10^{-5} L_p + 0.0118 \tag{6-48}$$

式中，μ_o 为原油黏度，mPa·s；μ_g 为气体黏度，mPa·s；L_p 为地层压力水平，%。

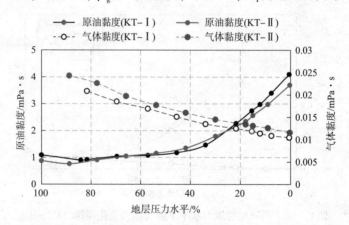

图 6-19　不同地层压力水平下原油和气体的黏度变化规律（KT-Ⅰ 层和 KT-Ⅱ 层）

6.4.4　油气流度比变化规律

结合前面不同地层压力水平下的油气相对渗透率和黏度，可进一步得出地层压力下降时油气流度比的变化规律（图 6-20）。油气流度比是评价原油在储层中流动能力的重要参数，可得到以下的认识：

（1）地层压力降低，油相渗透率降低，而同时原油脱气之后，原油黏度增加，油气流度比急剧下降，油相流动能力持续变差，尤其是在饱和压力附近。

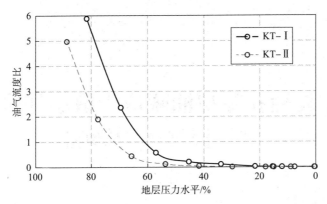

图 6-20 不同地层压力水平下油气流度比变化规律（KT-Ⅰ层和KT-Ⅱ层）

（2）当地层压力水平为 60% 时，KT-Ⅰ层和 KT-Ⅱ层的油气流度比下降约 10 倍以上。

（3）在相同的地层压力水平下，KT-Ⅰ层的原油流动能力好于 KT-Ⅱ层。

通过拟合可建立 KT-Ⅰ层的油气流度比 M_{og1} 和 KT-Ⅱ层的油气流度比 M_{og2} 与地层压力水平 L_p 的关系式分别为：

$$M_{og1} = 0.002e^{0.1024L_p}; R^2 = 0.9664 \qquad (6-49)$$

$$M_{og2} = 0.0004e^{0.1097L_p}; R^2 = 0.9934 \qquad (6-50)$$

式中，M_{og} 为油气流度比，实数；L_p 为地层压力水平,%。

利用式（6-37）~式（6-50）可计算各地层压力水平下的流体物性参数，快速评价不同地层压力水平下的原油流动能力。

7 裂缝孔隙型油藏应力敏感评价及对渗流规律的影响

在地层压力保持水平低的情况下，储层应力敏感性可能给油田开发带来极大的影响。目前对 NT 油田储层应力敏感性的强弱程度及其对储层渗流的影响缺少定量评价。本章首先根据覆压孔渗实验数据，定量评价该油田的孔隙度应力敏感性和渗透率应力敏感性。然后引入岩石力学参数推导出裂缝闭合时的裂缝渗透率公式，并定义应力敏感弹性参数来反映裂缝闭合的特点，建立起新的双重介质模型。最后利用新模型，分别建立直井和水平井的不稳定渗流数学模型，分析储层应力敏感性对油井渗流的影响规律。

7.1 NT 油田储层应力敏感性评价

深埋地下的岩层承受较高的地层压力，钻井取出地表后，岩石体积发生膨胀，导致孔隙度增大。给取至地表的岩石施加围压，通过改变围压可以模拟不同地层覆压条件，进而测定其孔隙度和渗透率的变化情况。在实验模拟过程中，围压的上升对应于地层压力的下降。因此，根据覆压孔渗实验的结果，可以评价 NT 油田孔隙度和渗透率的应力敏感性。覆压孔渗实验的基本测试流程如图 7 – 1 所示。在实验操作时，KT – Ⅰ层和 KT – Ⅱ层分别采用 30MPa 和 35MPa 的最大工作压力，均略高于对应层位的原始地层压力，能满足模拟地下压力的要求。

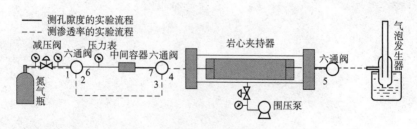

图 7 – 1 覆压孔渗实验的测试流程

7.1.1　测试岩样代表性分析

NT 油田对全区 6 口井，共计 136 块岩样进行覆压孔渗测试。6 口井分别为：CT－4、CT－10、CT－22、CT－41、5555 和 5598。6 口井分布在 NT 油田中北部，该区域为油田的主力产油区（图 7－2）。其中，CT－4、CT－10、CT－22 和 5555 所测试的岩样来自 KT－Ⅰ层和 KT－Ⅱ层，而 CT－41 井所测试的岩样仅来自 KT－Ⅰ层，5598 井所测试的岩样仅来自 KT－Ⅱ层（表 7－1）。因此，这 136 块岩样在 NT 油田具有一定的代表性，可利用其覆压孔渗实验结果来反映 NT 油田孔隙度和渗透率的应力敏感性。

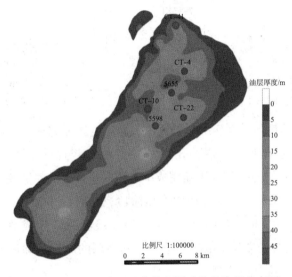

图 7－2　覆压孔渗测试岩样来源油井的位置分布图

表 7－1　覆压孔渗实验岩样来源情况统计

层位	岩样数目/块					
	CT－4	CT－10	CT－22	CT－41	5555	5598
KT－Ⅰ层	14	2	16	15	7	0
KT－Ⅱ层	16	21	14	0	14	17

7.1.2　孔隙度应力敏感性

本节首先分析典型单井的孔隙度应力敏感特征，然后评价整个油田的孔隙度应力敏感性。图 7－3 和图 7－4 分别为 CT－4 井 KT－Ⅰ层和 KT－Ⅱ层的孔隙度和覆压之间的关系，可以看出随着覆压的增加（对应于地层压力的下降），岩样孔隙度均逐渐降低，前期降低明显，后期变化不大。对于低孔隙度岩样，孔隙度的压缩十分微弱。

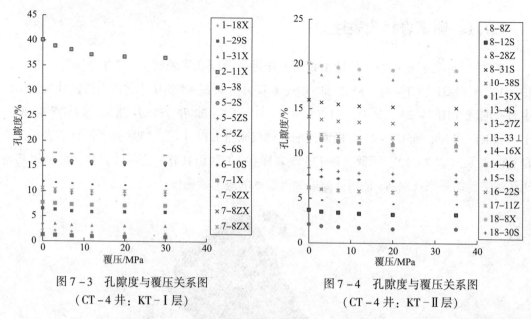

图 7 - 3　孔隙度与覆压关系图
（CT - 4 井：KT - Ⅰ层）

图 7 - 4　孔隙度与覆压关系图
（CT - 4 井：KT - Ⅱ层）

定义孔隙度的压缩量与最大压缩量的比值为孔隙度压缩完成率。图 7 - 5 和图 7 - 6 分别为 CT - 4 井 KT - Ⅰ层和 KT - Ⅱ层的孔隙度压缩完成率与覆压的关系曲线。拟合结果表明，KT - Ⅰ层和 KT - Ⅱ层的孔隙度压缩完成率与覆压呈良好的对数关系，相关性好（$R^2 = 0.99$）。岩石孔隙度的压缩主要发生在中低压阶段，这对应于油藏压力下降的早期阶段。孔隙度在覆压达到 12MPa 时，KT - Ⅰ层和 KT - Ⅱ层已分别完成总压缩量的 82.31% 和 82.51%。另外，除 Γ_3 段受样品个数的影响外，其余层的压缩量和压缩率均具有随着深度的增加而减小的趋势，符合地质规律。

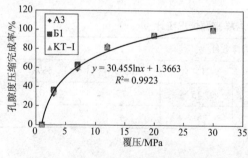

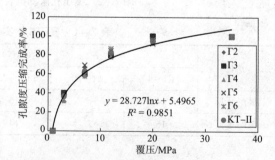

图 7 - 5　KT - Ⅰ层的孔隙度压缩完成率
与覆压关系曲线（CT - 4 井）

图 7 - 6　KT - Ⅱ层的孔隙度压缩完成率
与覆压关系曲线（CT - 4 井）

岩样初始孔隙度差异较大，仅从孔隙度值的变化无法准确反映孔隙度应力敏感性的强弱。定义如下的孔隙度损害率来反映储层的孔隙度应力敏感性：

$$D_\phi = \frac{\phi_i - \phi}{\phi_i} \times 100\% \tag{7-1}$$

式中，ϕ_i 为岩样初始孔隙度，百分数；ϕ 为岩样测试过程中的孔隙度，百分数；D_ϕ 为岩样孔隙度损害率，百分数。当 ϕ 为测试过程中的最小孔隙度时，式（7-1）中 D_ϕ 为岩样的最大孔隙度损害率。

统计岩样的孔隙度和最大孔隙度损害率（表7-2），发现当孔隙度小于10%时，孔隙度应力敏感性较强；当孔隙度大于10%时，孔隙度应力敏感性稍弱。同时，KT-Ⅰ层最大孔隙度损害率的平均值大于KT-Ⅱ层，这说明CT-4井所在区域KT-Ⅰ层的孔隙度应力敏感性强于KT-Ⅱ层。

表7-2 CT-4井岩样孔隙度和孔隙度最大压缩率统计结果

KT-Ⅰ层			KT-Ⅱ层		
样品号	孔隙度/%	最大孔隙度损害率/%	样品号	孔隙度/%	最大孔隙度损害率/%
1-18X	2.3	32.61	8-8Z	11.2	7.14
1-29S	6.5	10.77	8-12S	3.7	13.51
1-31X	3.6	13.89	8-28Z	11.7	4.27
2-11X	40.1	8.73	8-31S	16	5.63
3-38	1.3	30.77	10-38S	6.2	8.06
5-2S	16.2	3.7	11-35X	2.1	23.81
5-5ZS	9.9	7.07	13-4S	6.2	11.29
5-5Z	11.9	6.72	13-27Z	5	12
5-6S	18	4.44	13-33⊥	7.6	8.55
6-10S	15.9	4.4	14-16X	16.7	2.99
7-1X	7.7	7.79	14-46	11.8	7.63
7-8ZX	10.6	6.6	15-1S	19.1	4.19
—	—	—	16-22S	14.1	4.96
—	—	—	17-11Z	12.3	4.88
—	—	—	18-8X	20.1	3.98
—	—	—	18-30S	8.4	8.33
平均值	12	11.46	平均值	10.8	8.2

可将孔隙度的最大损害率作为孔隙度应力敏感性的评价指标，并按照以下标准分为三类（表7-3）。

表7-3 孔隙度应力敏感性分类评价标准

最大孔隙度损害率	$D_{\phi max} \leqslant 30\%$	$30\% < D_{\phi max} \leqslant 70\%$	$D_{\phi max} > 70\%$
孔隙度应力敏感性	弱	中等	强

计算出所测试岩样的最大孔隙度损害率，按照表7-3的评价标准进行分类。统计结果表明：该油田的孔隙度应力敏感性以弱为主，占测试岩样的95.6%，剩下为中等，未见

强孔隙度应力敏感性岩样（图7-7）。总体上，NT 油田 KT-Ⅰ层和 KT-Ⅱ层的孔隙度应力敏感性均较弱（图7-8）。

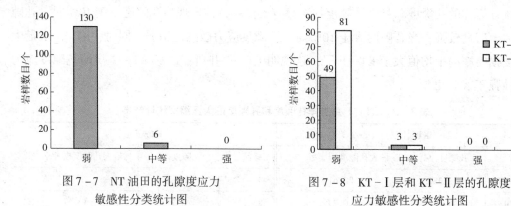

图7-7 NT 油田的孔隙度应力
敏感性分类统计图

图7-8 KT-Ⅰ层和 KT-Ⅱ层的孔隙度
应力敏感性分类统计图

7.1.3 渗透率应力敏感性

对 CT-4 井的30 块岩样进行渗透率应力敏感性评价，图7-9 和图7-10 分别为 KT-Ⅰ层和 KT-Ⅱ层的渗透率和覆压关系，可以看出随着覆压的增加（对应于地层压力的下降），岩样渗透率均逐渐降低，前期降低明显，后期变化不大。

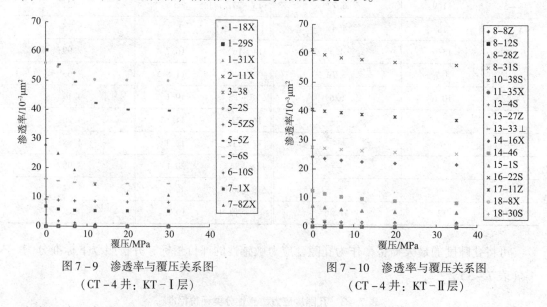

图7-9 渗透率与覆压关系图
（CT-4 井：KT-Ⅰ层）

图7-10 渗透率与覆压关系图
（CT-4 井：KT-Ⅱ层）

定义渗透率的损害量与最大损害量的比值为渗透率损害完成率。图7-11 和图7-12 分别为 CT-4 井 KT-Ⅰ层和 KT-Ⅱ层的渗透率损害完成率与覆压的关系曲线。拟合结果表明 KT-Ⅰ层和 KT-Ⅱ层的渗透率损害完成率与覆压也呈良好的对数关系，相关性好，分别为0.97 和0.99。当覆压达到12MPa 时，KT-Ⅰ层和 KT-Ⅱ层分别已完成总损害量的84.5% 和60.6%；当覆压由12MPa 增至20MPa 时，KT-Ⅰ层和 KT-Ⅱ层分别已完成总损害量的95.7%和78.9%。因此，岩石渗透率损害主要发生在中低压阶段，这对应于油藏开发过程中地层压力下降的早期阶段。

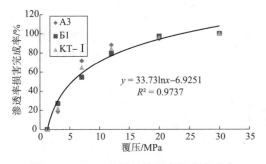

图7-11 KT-Ⅰ层的渗透率损害完成率
与覆压关系曲线（CT-4井）

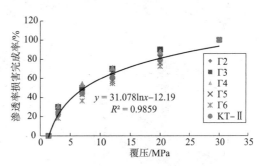

图7-12 KT-Ⅱ层的渗透率损害完成率
与覆压关系曲线（CT-4井）

对比 CT-4 井所在区域的 KT-Ⅰ层和 KT-Ⅱ层，KT-Ⅰ层的储层渗透率可损害性较强，损害量比较大，而 KT-Ⅱ层的储层渗透率可损害性没有 KT-Ⅰ层强，在进行储层渗透性能评价以及油气开发过程中应分别予以重视。因此，对于 CT-4 井所在的区域，KT-Ⅰ层的渗透率应力敏感性强于 KT-Ⅱ层。另外，除 Γ₃ 段可能受样品个数的影响外，A₃、Б₁、Γ₂、Γ₄、Γ₅ 和 Γ₆ 的渗透率损害完成率随着深度增加而减小，基本符合地质规律。

同样，由于岩样的初始渗透率差异较大，仅从渗透率值的变化无法准确反映渗透率应力敏感性的强弱程度。定义如下的渗透率损害率来反映储层的渗透率应力敏感性：

$$D_K = \frac{K_i - K}{K_i} \times 100\% \qquad (7-2)$$

式中，K_i 为岩样初始渗透率，$10^{-3} \mu m^2$；K 为岩样测试过程中的渗透率，$10^{-3} \mu m^2$；D_K 为岩样渗透率损害率，百分数。当 K 为测试过程中的最小渗透率时，D_K 为岩样的最大渗透率损害率。

与孔隙度应力敏感性的分类评价标准相似，将最大渗透率损害率作为渗透率应力敏感性的评价指标，分为以下三类（表7-4）。

表7-4 渗透率应力敏感性分类评价标准

最大渗透率损害率	$D_{Kmax} \leqslant 30\%$	$30\% < D_{Kmax} \leqslant 70$	$D_{Kmax} > 70\%$
渗透率应力敏感性	弱	中等	强

对 NT 油田 6 口井 136 个岩样的渗透率应力敏感性按照上述评价标准进行分类统计表明：NT 油田的渗透率应力敏感性以弱为主，占测试岩样的 66.9%；中等其次，占 25.0%；强最少，仅有 8.1%（图7-13）。

对该油田 KT-Ⅰ层和 KT-Ⅱ层岩样的渗透率应力敏感性进行分类统计：KT-Ⅰ层的弱渗透率应力敏感性和中等渗透率应力敏感性的岩样所占比例接近；KT-Ⅱ层的弱应力敏

感性岩样所占比例较高，为 79.5%，并且其中 21.7% 的岩样实验测试基本无渗透率应力敏感性。总体上，NT 油田 KT–Ⅰ 层的渗透率应力敏感性强于 KT–Ⅱ 层（图 7–14）。

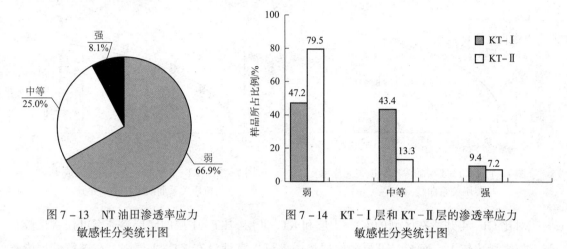

图 7–13　NT 油田渗透率应力
敏感性分类统计图

图 7–14　KT–Ⅰ 层和 KT–Ⅱ 层的渗透率应力
敏感性分类统计图

7.2　裂缝孔隙型储层应力敏感评价新模型

　　虽然评价结果表明 NT 油田的孔隙度应力敏感性较弱，可以忽略不计，但弱中强三个等级的渗透率应力敏感性却在全油田均有分布。考虑到油田目前地层压力保持水平低的背景，加上油田局部区域为低渗透，渗透率应力敏感性不能忽略，有必要研究其对油藏渗流的影响。本节考虑地层压力下降时裂缝发生闭合，引入岩石力学参数推导出了裂缝闭合时的裂缝渗透率公式，并定义应力敏感弹性参数来反映裂缝闭合的性质，建立起双重介质新模型。

7.2.1　裂缝渗透率推导和敏感性因素分析

　　通常描述裂缝孔隙型储层的经典模型有三种，分别是：Warren-Root 模型、Kazemi 模型和 De Swaan 模型。下面以 Warren-Root 模型为基础进行推导。Warren 和 Root 首次提出经典的方糖模型来描述裂缝孔隙型储层（图 7–15）。其中，a 为基质方块边长，m；b 为裂缝宽度，m。基于 Warren-Root 所提出的方糖模型，可得到裂缝孔隙型储层中裂缝孔隙度的表达式：

$$\phi_{\mathrm{f}} = \frac{(a+b)^3 - a^3}{(a+b)^3} = \frac{3a^2b + 3ab^2 + b^3}{a^3 + 3a^2b + 3ab^2 + b^3} \tag{7-3}$$

由于储层中裂缝宽度远小于基质方块尺寸，裂缝孔隙度可近似为：

$$\phi_{\mathrm{f}} \cong \frac{3b}{a} \tag{7-4}$$

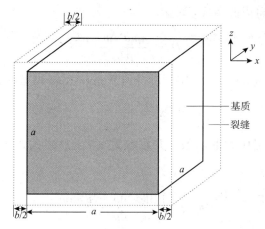

图 7 – 15　经典裂缝孔隙型双重介质模型（Warren-Root 方糖模型）

假设流体在一条裂缝中的流动近似于流过一个矩形管，Janna 提出用下式来描述矩形管中发生层流时的平均速度：

$$\bar{\nu} = \left(\frac{b^2}{12\mu}\right)\frac{\Delta p}{L} \tag{7 – 5}$$

式中，Δp 为矩形管入口和出口的压差；L 为矩形管的长度；μ 为流体黏度；L 为矩形管的长度。矩形管的横截面积为 ab，根据平均速度的定义，有：

$$\bar{\nu} = \frac{q}{ab} \tag{7 – 6}$$

式中，q 为通过矩形管的流量。由式（7 – 5）和式（7 – 6），可得到流量公式：

$$q = \frac{ab^3 \Delta p}{12\mu L} \tag{7 – 7}$$

假设给定的油藏含有 n 条裂缝，那么通过 n 条裂缝的总流量为：

$$Q = nq = \frac{nab^3 \Delta p}{12\mu L} \tag{7 – 8}$$

Warren-Root 模型认为储层的渗流能力由裂缝系统提供，对通过该油藏水平方向的流动使用达西定律，可以得到：

$$Q = \frac{k_f A \Delta p}{\mu L} \tag{7 – 9}$$

式中，A 为给定油藏的横截面积。

考虑裂缝宽度、基质方块边长和裂缝数目，对于具有 n 条裂缝的油藏，其横截面积的表达式为：

$$A = n(a + b)^2 = n(a^2 + b^2 + 2ab) \tag{7 – 10}$$

同样由于裂缝宽度远小于基质方块尺寸，油藏横截面积表达式可近似为：

$$A = n(a + b)^2 \cong na^2 \tag{7 – 11}$$

因此，式（7-9）可以改写成：

$$Q = \frac{k_{\mathrm{f}} n a^2 \Delta p}{\mu L} \tag{7-12}$$

将式（7-12）代入式（7-8）中，可得到 Warren-Root 模型的裂缝渗透率：

$$k_{\mathrm{f}} = \frac{b^3}{12a} \tag{7-13}$$

假设裂缝宽度为地层压力的函数，并求取式（7-13）关于地层压力的导数，得到下式：

$$\frac{\mathrm{d}k_{\mathrm{f}}}{\mathrm{d}p} = \frac{1}{12}\left(\frac{3b^2}{a}\frac{\mathrm{d}b}{\mathrm{d}p} - \frac{b^3}{a^2}\frac{\mathrm{d}a}{\mathrm{d}p}\right) \tag{7-14}$$

裂缝闭合的过程中，基质岩块长度的增加正好对应于裂缝宽度的减少，因此有 $\Delta a = -\Delta b$，代入式（7-14）可得到：

$$\frac{\mathrm{d}k_f}{\mathrm{d}p} = \frac{b^2}{4a}\left(1 + \frac{b}{3a}\right)\frac{\mathrm{d}b}{\mathrm{d}p} \tag{7-15}$$

将式（7-4）代入式（7-15）中，上式可以转换成：

$$\frac{\mathrm{d}k_f}{\mathrm{d}p} = \frac{b^2}{4a}\left(1 + \frac{\phi_{\mathrm{f}}}{9}\right)\frac{\mathrm{d}b}{\mathrm{d}p} \tag{7-16}$$

Jabbari 等认为油藏压力变化所引起的裂缝宽度变化是裂缝压缩形变和基质弹性形变的总和。根据有效应力、总应力与裂缝孔隙压力的关系，Jabbari 首先给出了裂缝压缩形变所引起的裂缝宽度变化：

$$\Delta b_{\mathrm{f}} = b c_{\mathrm{f}} \Delta p_{\mathrm{f}} \tag{7-17}$$

其中，$\Delta p_{\mathrm{f}} = p - p_i$，对应于裂缝孔隙压力的变化。

Jabbari 等进一步利用岩石力学理论，引入杨氏模量和泊松比，推导出了基质弹性形变所引起的裂缝宽度变化：

$$\Delta b_{\mathrm{m}} = \frac{a(1 - 2\nu)\Delta p_{\mathrm{f}}}{E} \tag{7-18}$$

忽略上覆岩层压力的变化，裂缝压缩形变和基质弹性形变所引起的总裂缝宽度变化为：

$$\Delta b_{\mathrm{t}} = \Delta b_{\mathrm{f}} + \Delta b_{\mathrm{m}} = \left[bc_{\mathrm{f}} + \frac{a(1-2\nu)}{E}\right]\Delta p_{\mathrm{f}} \tag{7-19}$$

将式（7-19）改写成下面的微分形式：

$$\mathrm{d}b = \left[bc_{\mathrm{f}} + \frac{a(1-2\nu)}{E}\right]\mathrm{d}p \tag{7-20}$$

将式（7-20）代入式（7-16）中，可得到考虑岩石力学性质的裂缝渗透率表达式：

$$\frac{\mathrm{d}k_\mathrm{f}}{\mathrm{d}p} = \frac{b^3}{4a}\left(1 + \frac{\phi_\mathrm{f}}{9}\right)\left[c_\mathrm{f} + \frac{a(1 - 2\nu)}{bE}\right] \tag{7-21}$$

考虑式 (7-13)，式 (7-21) 可退化成下面的形式：

$$\frac{\mathrm{d}k_\mathrm{f}}{\mathrm{d}p} = 3k_\mathrm{f}\left(1 + \frac{\phi_\mathrm{f}}{9}\right)\left[c_\mathrm{f} + \frac{a(1 - 2\nu)}{bE}\right] \tag{7-22}$$

对式 (7-22) 两侧取积分，可得到：

$$k_\mathrm{f} = k_\mathrm{fi}\exp\left\{-3\left(1 + \frac{\phi_\mathrm{f}}{9}\right)\left[c_\mathrm{f} + \frac{a(1 - 2\nu)}{bE}\right]\Delta p\right\} \tag{7-23}$$

式中，k_fi 为裂缝初始渗透率。

上式为裂缝孔隙型储层发生裂缝闭合的条件下，考虑岩石力学性质和地层压力下降的裂缝渗透率公式。令：

$$\alpha = 3\left(1 + \frac{\phi_\mathrm{f}}{9}\right)\left[c_\mathrm{f} + \frac{a(1 - 2\nu)}{bE}\right] \tag{7-24}$$

式 (7-23) 可简写为：

$$k_\mathrm{f} = k_\mathrm{fi}\mathrm{e}^{-\alpha\Delta p} \tag{7-25}$$

式 (7-25) 与常见的考虑应力敏感性的渗透率指数关系式完全相同，α 为渗透率应力敏感系数。渗透率指数关系式往往是利用应力敏感实验数据拟合得到，具有经验公式的性质。式 (7-23) 的推导过程严格地证明了该经验公式的正确性，也揭示了渗透率应力敏感系数的内涵。显然，应力敏感系数 α 为取决于裂缝孔隙度、裂缝压缩性、杨氏模量和泊松比等参数。

根据裂缝渗透率公式 (7-23)，可以讨论裂缝孔隙度、裂缝压缩系数、杨氏模量和泊松比等对裂缝渗透率的影响。结合 NT 油田相关岩样的测试结果，确定出了该油田裂缝孔隙度、裂缝压缩系数、杨氏模量和泊松比等参数的取值范围，具体取值见表 7-5，并依次进行裂缝渗透率的单因素敏感性分析。

表 7-5　裂缝渗透率敏感性分析的参数取值

参数	值
裂缝孔隙度 ϕ_f	0.002, 0.008, 0.032, 0.128
裂缝压缩系数 $c_\mathrm{f}/10^{-8}\mathrm{Pa}^{-1}$	1.5, 3, 4.5, 6
杨氏模量 $E/10^{10}\mathrm{Pa}$	1, 3, 5, 7
泊松比 $\nu/$小数	0.2, 0.25, 0.3, 0.35

1. 裂缝孔隙度

图 7-16 为地层压力下降过程中裂缝孔隙度对裂缝渗透率的影响。裂缝孔隙度越小，在

油藏压力下降过程中，裂缝渗透率下降越快，说明裂缝孔隙度越小，其应力敏感性越强。

2. 裂缝压缩系数

图 7-17 为地层压力下降过程中裂缝压缩系数对裂缝渗透率的影响。裂缝压缩系数越大，在油藏压力下降过程中，裂缝渗透率下降越快，这说明裂缝压缩系数越大，其应力敏感性越强。

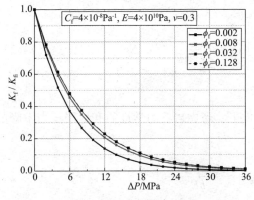

图 7-16 地层压力下降时裂缝孔隙度
对裂缝渗透率的影响

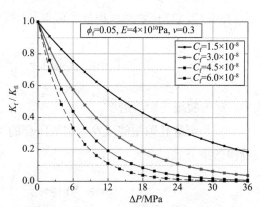

图 7-17 地层压力下降时裂缝压缩系数
对裂缝渗透率的影响

3. 杨氏模量

图 7-18 为地层压力下降过程中杨氏模量对裂缝渗透率的影响。从图中可以看出，杨氏模量越小，裂缝渗透率在油藏降压开采过程中下降越快，说明杨氏模量越小，应力敏感性越强。

4. 泊松比

图 7-19 为地层压力下降过程中泊松比对裂缝渗透率的影响。从图中可以看出，不同泊松比下的裂缝渗透率几乎重合，因此泊松比对裂缝渗透率的影响基本可以忽略，也说明泊松比对应力敏感性影响很小。

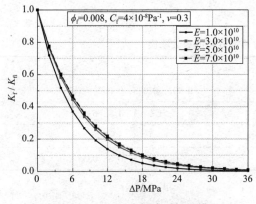

图 7-18 地层压力下降时杨氏模量
对裂缝渗透率的影响

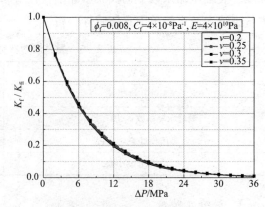

图 7-19 地层压力下降时泊松比
对裂缝渗透率的影响

7.2.2　裂缝渗透率与应力敏感系数的关系

根据渗透率损害率公式（7-2）和裂缝闭合条件下的裂缝渗透率公式（7-25），可建立指数形式应力敏感系数与渗透率损害率之间的关系式：

$$\alpha = -\frac{\ln(1 - D_K)}{\Delta p} = -\frac{\ln(1 - D_K)}{p_i - p} \tag{7-26}$$

当地层压力 p 趋近于 0 时，D_K 对应于最大渗透率损害率，上式可以简化为：

$$\alpha = -\frac{\ln(1 - D_{K\max})}{p_i} \tag{7-27}$$

按照渗透率应力敏感性的分类标准，给定不同地层初始压力，利用式（7-27）可得到三种等级下的指数形式应力敏感系数（表7-6）。

表7-6　不同地层初始压力下的典型渗透率应力敏感系数

渗透率应力敏感系数 α		地层初始压力 20MPa	地层初始压力 30MPa
弱	$D_{K\max} = 15\%$	0.0081	0.0054
中等	$D_{K\max} = 50\%$	0.0347	0.0231
强	$D_{K\max} = 85\%$	0.0949	0.0632

根据式（7-27），可绘制出不同地层初始压力下最大渗透率损害率与应力敏感系数的关系曲线（图7-20），可看出指数形式应力敏感系数 α 与最大渗透率损害率 $D_{K\max}$ 存在正相关关系，同时在相同的最大渗透率损害率下，地层初始压力越大，应力敏感系数越小。整体上，α 主要介于 0~0.2 之间。

结合表7-6中的数据，利用式（7-25），可绘制出不同地层初始压力和应力敏感性下裂缝渗透率与地层压力的关系曲线（图7-21）。该图直观地表明应力敏感性越强，裂缝渗透率下降越快；在相同的初始渗透率和应力敏感性下，地层初始压力越高，裂缝渗透率下降越慢。

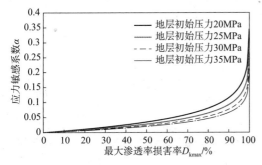

图7-20　不同地层初始压力下最大渗透率损害率
与应力敏感系数的关系曲线

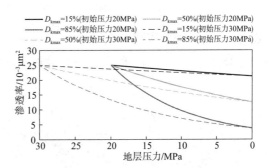

图7-21　不同应力敏感条件下储层
渗透率的变化规律

7.2.3 裂缝闭合条件下应力敏感弹性参数和双重介质新模型

根据质量守恒定理，Warren-Root 双重介质模型中裂缝系统和基质系统的连续性方程分别为：

$$\vec{\nabla}\left(\rho\,\frac{k_f}{\mu}\,\vec{\nabla}p_f\right) + q^* = \frac{\partial(\rho\phi_f)}{\partial t} \tag{7-28}$$

$$- q^* = \frac{\partial(\rho\phi_m)}{\partial t} \tag{7-29}$$

式中，q^* 为基质系统向裂缝系统的窜流量。Warren 和 Root 假设裂缝系统和基质系统之间发生拟稳态渗流，该窜流项的表达式可写为：

$$q^* = \frac{\alpha k_m \rho}{\mu}(p_m - p_f) \tag{7-30}$$

式中，α 为天然裂缝的几何形状因子。

将式（7-30）代入式（7-28）和式（7-29）中，裂缝系统和基质系统的连续性方程可写成：

$$\frac{1}{\rho}\,\vec{\nabla}\left(\rho\,\frac{k_f}{\mu}\,\vec{\nabla}p_f\right) = \frac{\partial\phi_f}{\partial t} + \frac{\partial\phi_m}{\partial t} \tag{7-31}$$

$$- \frac{\alpha k_m}{\mu}(p_m - p_f) = \frac{\partial\phi_m}{\partial t} \tag{7-32}$$

在油藏生产过程中，裂缝和基质的孔隙度与地层压力的关系式为：

$$\phi_f = \phi_{f0}\,e^{c_f(p_f - p_i)} \tag{7-33}$$

$$\phi_m = \phi_{m0}\,e^{c_m(p_m - p_i)} \tag{7-34}$$

式中，ϕ_{f0} 和 ϕ_{m0} 分别为裂缝和基质的初始孔隙度；c_f 和 c_m 分别为裂缝和基质的压缩系数。忽略基质中的束缚水，裂缝压缩系数的表达式为：

$$c_f = \frac{1}{\rho}\,\frac{\partial\rho}{\partial p_f} \cong c_o \tag{7-35}$$

式中，c_o 为原油的压缩系数。

对式（7-33）和式（7-34）求取时间的导数，可以得到：

$$\frac{\partial\phi_f}{\partial t} = \frac{\partial\left[\phi_{f0}\,e^{c_f(p_f - p_i)}\right]}{\partial t} \approx \phi_{f0}c_f\,\frac{\partial p_f}{\partial t} \tag{7-36}$$

$$\frac{\partial\phi_m}{\partial t} = \frac{\partial\left[\phi_{m0}\,e^{c_m(p_m - p_i)}\right]}{\partial t} \approx \phi_{m0}c_m\,\frac{\partial p_m}{\partial t} \tag{7-37}$$

式中，$\phi_{f0}c_f$ 和 $\phi_{m0}c_m$ 分别为裂缝系统和基质系统的储容能力。将以上两式代入式（7-31）和式（7-32），可将裂缝孔隙型油藏中裂缝系统和基质系统的控制方程改写成：

$$\frac{1}{\rho}\ \vec{\nabla}\Big(\rho\ \frac{k_\mathrm{f}}{\mu}\ \vec{\nabla}p_\mathrm{f}\Big) = \phi_\mathrm{f0}c_\mathrm{f}\ \frac{\partial p_\mathrm{f}}{\partial t} + \phi_\mathrm{m0}c_\mathrm{m}\ \frac{\partial p_\mathrm{m}}{\partial t} \tag{7-38}$$

$$- \frac{\alpha k_\mathrm{m}}{\mu}(p_\mathrm{m} - p_\mathrm{f}) = \phi_\mathrm{m0}c_\mathrm{m}\ \frac{\partial p_\mathrm{m}}{\partial t} \tag{7-39}$$

裂缝渗透率与油藏压力有关，式（7-38）左边这项可以展开成：

$$\frac{1}{\rho}\ \vec{\nabla}\Big(\rho\ \frac{k_\mathrm{f}}{\mu}\ \vec{\nabla}p_\mathrm{f}\Big) = \frac{k_\mathrm{f}}{\mu}\ \nabla^2 p_\mathrm{f} + \frac{1}{\mu}\ \vec{\nabla}k_\mathrm{f}\cdot\vec{\nabla}p_\mathrm{f} + \frac{k_\mathrm{f}}{\mu\rho}\ \vec{\nabla}\rho\cdot\vec{\nabla}p_\mathrm{f} \tag{7-40}$$

结合式（7-22）式（7-40）右边第二项可以转变为：

$$\frac{1}{\mu}\ \vec{\nabla}k_\mathrm{f}\cdot\vec{\nabla}p_\mathrm{f} = \frac{k_\mathrm{f}}{\mu}\Big[3\Big(1 + \frac{\phi_\mathrm{f}}{9}\Big)\Big(c_\mathrm{f} + \frac{3(1-2\nu)}{E\phi_\mathrm{f}}\Big)\Big]\vec{\nabla}p_\mathrm{f}\cdot\vec{\nabla}p_\mathrm{f} \tag{7-41}$$

类似地，将式（7-35）代入到式（7-40）右边的最后一项中，该项可写成：

$$\frac{k_\mathrm{f}}{\mu\rho}\ \vec{\nabla}\rho\cdot\vec{\nabla}p_\mathrm{f} = \frac{k_\mathrm{f}}{\mu}\frac{1}{\rho}\ \frac{\partial\rho}{\partial p_\mathrm{f}}\ \vec{\nabla}p_\mathrm{f}\cdot\vec{\nabla}p_\mathrm{f} = \frac{k_\mathrm{f}}{\mu}c_\mathrm{o}\ \vec{\nabla}p_\mathrm{f}\cdot\vec{\nabla}p_\mathrm{f} \tag{7-42}$$

将式（7-41）和式（7-42）代入到式（7-40）中，该式可改写成：

$$\frac{1}{\rho}\ \vec{\nabla}\Big(\rho\ \frac{k_\mathrm{f}}{\mu}\ \vec{\nabla}p_\mathrm{f}\Big) = \frac{k_\mathrm{f}}{\mu}\Big\{\nabla^2 p_\mathrm{f} + \Big[c_\mathrm{o} + 3\Big(1 + \frac{\phi_\mathrm{f}}{9}\Big)\Big(c_\mathrm{f} + \frac{3(1-2\nu)}{E\phi_\mathrm{f}}\Big)\Big]\vec{\nabla}p_\mathrm{f}\cdot\vec{\nabla}p_\mathrm{f}\Big\}$$
$$\tag{7-43}$$

为简化推导过程，定义如下的参数：

$$\varepsilon = c_\mathrm{o} + 3\Big(1 + \frac{\phi_\mathrm{f}}{9}\Big)\Big[c_\mathrm{f} + \frac{3(1-2\nu)}{E\phi_\mathrm{f}}\Big] \tag{7-44}$$

将式（7-44）代入式（7-43）中，有：

$$\frac{1}{\rho}\ \vec{\nabla}\Big(\rho\ \frac{k_\mathrm{f}}{\mu}\ \vec{\nabla}p_\mathrm{f}\Big) = \frac{k_\mathrm{f}}{\mu}\Big(\nabla^2 p_\mathrm{f} + \varepsilon\ \vec{\nabla}p_\mathrm{f}\cdot\vec{\nabla}p_\mathrm{f}\Big) \tag{7-45}$$

在柱坐标系统中有如下的关系式：

$$\vec{\nabla}p_\mathrm{f} = \Big(\frac{\partial p_\mathrm{f}}{\partial r}, \frac{\partial p_\mathrm{f}}{\partial z}\Big) \tag{7-46}$$

$$\nabla^2 p_\mathrm{f} = \frac{\partial^2 p_\mathrm{f}}{\partial r^2} + \frac{1}{r}\ \frac{\partial p_\mathrm{f}}{\partial r} + \frac{\partial^2 p_\mathrm{f}}{\partial z^2} \tag{7-47}$$

将式（7-45）、式（7-46）和式（7-47）代入式（7-38）中，可得到下面形式的裂缝系统控制方程：

$$\frac{k_\mathrm{f}}{\mu}\Big\{\Big(\frac{\partial^2 p_\mathrm{f}}{\partial r^2} + \frac{1}{r}\ \frac{\partial p_\mathrm{f}}{\partial r} + \frac{\partial^2 p_\mathrm{f}}{\partial z^2}\Big) + \varepsilon\Big[\Big(\frac{\partial p_\mathrm{f}}{\partial r}\Big)^2 + \Big(\frac{\partial p_\mathrm{f}}{\partial z}\Big)^2\Big]\Big\} = \phi_\mathrm{f0}c_\mathrm{f}\ \frac{\partial p_\mathrm{f}}{\partial t} + \phi_\mathrm{m0}c_\mathrm{m}\ \frac{\partial p_\mathrm{m}}{\partial t}$$
$$\tag{7-48}$$

式（7-44）所定义的参数反映了地层压力下降过程中裂缝闭合时的储层应力敏感性，称之为应力敏感弹性参数。实际上，这个应力敏感弹性参数 ε 与前面所提到的渗透率应力

敏感系数 α 存在下面的转换关系:

$$\varepsilon = c_o + \alpha \qquad (7-49)$$

根据应力敏感弹性参数的表达式，其大小取决于原油压缩系数、裂缝孔隙度、裂缝压缩系数、杨氏模量和泊松比等因素。原油压缩系数与应力敏感弹性参数呈明显的线性关系，不详细讨论，这里重点研究后面四个因素的影响。参照表 7-5 中各参数的取值范围，确定出基本对比组的参数取值（表 7-7）。

表 7-7　应力敏感弹性参数基本对比组取值

参数	值
原油压缩系数 $c_o/10^{-9}\mathrm{Pa}^{-1}$	2.26
裂缝孔隙度 ϕ_f	0.035
裂缝压缩系数 $c_f/10^{-8}\mathrm{Pa}^{-1}$	2.39
杨氏模量 $E/10^{10}\mathrm{Pa}$	2.17
泊松比 ν	0.203

1. 裂缝孔隙度

图 7-22 为不同裂缝压缩系数下裂缝孔隙度与应力敏感弹性参数的关系曲线。在给定的裂缝压缩系数下，应力敏感弹性参数随裂缝孔隙度的增加而减小，尤其在裂缝孔隙度较低时应力敏感弹性参数下降十分快，说明裂缝孔隙度越低的储层，其应力敏感性越强。当裂缝孔隙度大于 5% 时，储层应力敏感性受裂缝孔隙度的影响很小。

2. 裂缝压缩系数

图 7-23 为不同裂缝孔隙度下裂缝压缩系数与应力敏感弹性参数的关系曲线。在给定的裂缝孔隙度下，应力敏感弹性参数随裂缝压缩系数的增加而线性增加。因此，裂缝压缩系数越大，储层应力敏感性越强。另外，裂缝孔隙度越小，应力敏感弹性参数线性增加的斜率越大，对应的应力敏感性越强，与上面的结论一致。

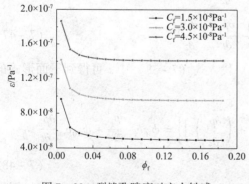

图 7-22　裂缝孔隙度对应力敏感
弹性参数的影响

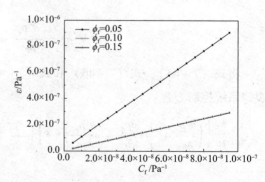

图 7-23　裂缝压缩系数对应力敏感
弹性参数的影响

3. 杨氏模量

图 7-24 为不同裂缝孔隙度下杨氏模量与应力敏感弹性参数的关系曲线，可以看出应力敏感弹性参数随杨氏模量的增加呈指数式降低，说明杨氏模量越大，储层应力敏感性越强。同样，裂缝孔隙度越小，应力敏感弹性参数越大。

4. 泊松比

图 7-25 为不同裂缝孔隙度下泊松比与应力敏感弹性参数的关系曲线，可看出应力敏感弹性参数随泊松比的增加而线性降低，说明泊松比越大，储层应力敏感性越弱。

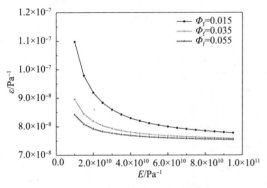

图 7-24 杨氏模量对应力敏感
弹性参数的影响

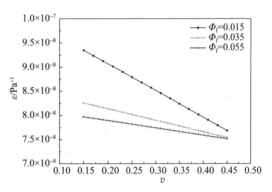

图 7-25 泊松比对应力敏感
弹性参数的影响

式（7-39）和式（7-48）共同构成一种新的裂缝孔隙型储层模型，这个模型是对经典 Warren-Root 模型的拓展。与 Warren-Root 模型对比，新模型的裂缝系统控制方程增加了一项，而基质系统的控制方程没有变化。新模型的关键之处在于引入应力敏感弹性参数 ε，它不仅能体现 Warren-Root 模型的所有性质，还能反映裂缝闭合时的渗透率应力敏感性。当 $\varepsilon = 0$，即不考虑应力敏感性时，裂缝系统的控制方程退化成 Warren-Root 模型中裂缝系统的控制方程。因此，Warren-Root 模型仅仅是新模型的一种特例，新模型的适用范围更广。利用新模型，可研究裂缝孔隙型油藏中考虑应力敏感性的诸多问题，例如应力敏感性对油井不稳定渗流和产能递减的影响等。

7.3 裂缝孔隙型储层应力敏感性对直井渗流规律影响

式（7-39）和式（7-48）共同构成一种新的裂缝孔隙型储层模型，这个模型考虑了生产过程中应力敏感性导致的裂缝闭合。本节利用该新模型研究直井的渗流规律，对比其与 Warren-Root 模型中直井渗流的不同之处，并分析储层应力敏感性对直井不稳定渗流的影响。

7.3.1　裂缝闭合条件下直井渗流数学模型的建立

假设裂缝孔隙型油藏中存在一口直井，油井将储层完全贯穿，并认为是裸眼完井（图7-26）。为了方便建立渗流数学模型，进行以下的假设：①储层由裂缝系统和基质系统组成，裂缝提供渗流通道，基质提供储集空间；②仅有裂缝向井筒供液，基质不直接向井筒供液，基质和裂缝之间发生拟稳态窜流；③初始含水饱和度很低，仅考虑油相流动，原油为微可压缩流体；④油藏为圆形，其泄油半径为r_e，外边界为封闭断层，顶底层为不渗透的泥岩层；⑤油井定产量生产，储层中流体的流动满足等温达西渗流；⑥考虑裂缝压缩变形和基质弹性伸缩造成的裂缝闭合；⑦忽略重力和毛管力的影响。

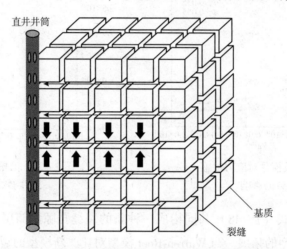

图7-26　裂缝闭合的双重介质油藏直井渗流模型示意图

式（7-39）和式（7-48）为直角坐标系下裂缝系统和基质系统的控制方程，通过坐标转换可得到极坐标系下裂缝系统和基质系统的控制方程。

（1）裂缝系统控制方程：

$$\frac{\partial^2 p_{\mathrm{f}}}{\partial r^2} + \frac{1}{r}\frac{\partial p_{\mathrm{f}}}{\partial r} + \left\{c_{\mathrm{o}} + 3\left(1 + \frac{\phi_{\mathrm{f}}}{9}\right)\left[c_{\mathrm{f}} + \frac{3(1-2\nu)}{E\phi_{\mathrm{f}}}\right]\right\}\left(\frac{\partial p_{\mathrm{f}}}{\partial r}\right)^2 = \frac{\mu}{k_{\mathrm{f}}}\left(\phi_{\mathrm{m}}c_{\mathrm{tm}}\frac{\partial p_{\mathrm{m}}}{\partial t} + \phi_{\mathrm{f}}c_{\mathrm{tf}}\frac{\partial p_{\mathrm{f}}}{\partial t}\right)$$

$$(7-50)$$

（2）基质系统控制方程：

$$\phi_{\mathrm{m}}c_{\mathrm{tm}}\frac{\partial p_{\mathrm{m}}}{\partial t} = \frac{\alpha k_{\mathrm{m}}}{\mu}(p_{\mathrm{f}} - p_{\mathrm{m}})$$

$$(7-51)$$

（3）初始条件：

$$p_{\mathrm{m}} = p_{\mathrm{f}} = p_{\mathrm{i}}$$

$$(7-52)$$

（4）内边界条件：

$$q = \frac{2\pi k_{\mathrm{f}} h}{\mu B}\left(r\frac{\partial p_{\mathrm{f}}}{\partial r}\right)_{r=r_{\mathrm{w}}}$$

$$(7-53)$$

（5）外边界条件（封闭）：

$$r \frac{\partial p_f}{\partial r} \Big|_{r=r_e} = 0 \tag{7-54}$$

式（7-50）~式（7-54）所组成的方程组，即为裂缝闭合条件下的直井渗流数学模型。

7.3.2 裂缝闭合条件下直井模型的求解和验证

1. 无量纲化

为求解数学模型，定义以下无量纲量：$p_{jD} = \dfrac{2\pi k_f h}{q\mu B}(p_i - p_j)$；$r_D = \dfrac{r}{r_w}$；$r_{eD} = \dfrac{r_e}{r_w}$；$t_D =$

$\dfrac{k_f t}{\mu r_w^2 (\phi_m c_{tm} + \phi_f c_{tf})}$；$\omega = \dfrac{\phi_f c_{tf}}{\phi_m c_{tm} + \phi_f c_{tf}}$；$\lambda = \dfrac{\alpha k_m r_w^2}{k_f}$；$\varepsilon_D = \dfrac{q\mu B}{2\pi k_f h}\left\{ c_o + 3\left(1 + \dfrac{\phi_f}{9}\right)\left[c_f + \dfrac{3(1-2\nu)}{E\phi_f}\right]\right\} =$

$\dfrac{q\mu B}{2\pi k_f h}\varepsilon$。

利用上面的无量纲定义，可得到下面的无量纲数学模型：

$$\frac{\partial^2 p_{fD}}{\partial r_D^2} + \frac{1}{r_D}\frac{\partial p_{fD}}{\partial r_D} - \varepsilon_D \left(\frac{\partial p_{fD}}{\partial r_D}\right)^2 = (1-\omega)\frac{\partial p_{mD}}{\partial t_D} + \omega \frac{\partial p_{fD}}{\partial t_D} \tag{7-55}$$

$$(1-\omega)\frac{\partial p_{mD}}{\partial t_D} = \lambda(p_{fD} - p_{mD}) \tag{7-56}$$

$$p_{mD}(t_D = 0) = p_{fD}(t_D = 0) = 0 \tag{7-57}$$

$$\left(\frac{\partial p_{fD}}{\partial r_D}\right)_{r_D=1} = -1 \tag{7-58}$$

$$r_D \frac{\partial p_{fD}}{\partial r_D}\Big|_{r_D = r_{eD}} = 0 \tag{7-59}$$

上面的无量纲数学模型中存在 3 个特征参数：①裂缝储容比 ω，反映裂缝系统中储量占整个油藏储量的比例；②窜流系数 λ，反映基质系统中原油向裂缝系统窜流的能力；③应力敏感弹性参数 ε_D，反映裂缝压缩变形和基质弹性伸缩造成的裂缝闭合及相应的应力敏感性。Warren-Root 模型只包括 ω 和 λ，属于双孔双参数模型，而新模型包括 ω、λ 和 ε_D，属于双孔三参数模型。

2. Pedrosa 变换

由于考虑了储层应力敏感性，裂缝系统的控制方程具有极强的非线性，给模型求解带来非常大的困难。这里利用 Pedrosa 变换来降低方程组的非线性。

Pedrosa 提出了下面形式的变换式来处理非线性方程：

$$p_{fD} = -\frac{1}{\varepsilon_D}\ln[1 - \varepsilon_D \psi_{fD}(r_D, t_D)] \tag{7-60}$$

利用上式，我们可得出 Pedrosa 变换后的渗流数学模型：

$$\frac{\partial^2 \psi_{\text{fD}}}{\partial r_{\text{D}}^2} + \frac{1}{r_{\text{D}}} \frac{\partial \psi_{\text{fD}}}{\partial r_{\text{D}}} = (1 - \omega)(1 - \varepsilon_{\text{D}} \psi_{\text{fD}}) \frac{\partial p_{\text{mD}}}{\partial t_{\text{D}}} + \omega \frac{\partial \psi_{\text{fD}}}{\partial t_{\text{D}}} \qquad (7-61)$$

$$(1 - \omega) \frac{\partial p_{\text{mD}}}{\partial t_{\text{D}}} = \lambda (p_{\text{fD}} - p_{\text{mD}}) \qquad (7-62)$$

$$p_{\text{mD}}(t_{\text{D}} = 0) = \psi_{\text{fD}}(t_{\text{D}} = 0) = 0 \qquad (7-63)$$

$$\left(\frac{1}{1 - \varepsilon_{\text{D}} \psi_{\text{fD}}} \frac{\partial \psi_{\text{fD}}}{\partial r_{\text{D}}} \right)_{r_{\text{D}} = 1} = -1 \qquad (7-64)$$

$$\frac{\partial \psi_{\text{fD}}}{\partial r_{\text{D}}} \Big|_{r_{\text{D}} = r_{\text{eD}}} = 0 \qquad (7-65)$$

3. 摄动变换

通过 Pedrosa 变换，式（7-55）的强非线性被弱化，进一步可利用摄动变换可求取模型的近似解。

根据摄动原理，有以下的近似关系式：

$$\psi_{\text{fD}} = \psi_{\text{fD0}} + \varepsilon_{\text{D}} \psi_{\text{fD1}} + \varepsilon_{\text{D}}^2 \psi_{\text{fD2}} + \cdots \qquad (7-66)$$

当应力敏感弹性参数 ε_{D} 较小时，式（7-66）右侧的高阶项非常小，基本可以忽略不计，此时零阶摄动解就足以满足计算的精度要求。考虑零阶情形，无量纲数学模型进一步简化成：

$$\frac{\partial^2 \psi_{\text{fD0}}}{\partial r_{\text{D}}^2} + \left(\frac{1}{r_{\text{D}}} \right) \frac{\partial \psi_{\text{fD0}}}{\partial r_{\text{D}}} = (1 - \omega) \frac{\partial p_{\text{mD}}}{\partial t_{\text{D}}} + \omega \frac{\partial \psi_{\text{fD0}}}{\partial t_{\text{D}}} \qquad (7-67)$$

$$(1 - \omega) \frac{\partial p_{\text{mD}}}{\partial t_{\text{D}}} = \lambda (p_{\text{fD}} - p_{\text{mD}}) \qquad (7-68)$$

$$p_{\text{mD}}(t_{\text{D}} = 0) = \psi_{\text{fD0}}(t_{\text{D}} = 0) = 0 \qquad (7-69)$$

$$\left(\frac{\partial \psi_{\text{fD0}}}{\partial r_{\text{D}}} \right)_{r_{\text{D}} = 1} = -1 \qquad (7-70)$$

$$\frac{\partial \psi_{\text{fD0}}}{\partial r_{\text{D}}} \Big|_{r_{\text{D}} = r_{\text{eD}}} = 0 \qquad (7-71)$$

此时，前面的数学模型退化成典型的 Warren-Root 渗流数学模型，只不过其外边界是封闭的。

4. Laplace 变换

定义以下关于时间坐标 t_{D} 的 Laplace 变换：

$$\tilde{p}_{\text{D}}(r_{\text{D}}, s) = \int_0^\infty p_{\text{D}}(r_{\text{D}}, t_{\text{D}}) \text{e}^{-st_{\text{D}}} \text{d}t_{\text{D}} \qquad (7-72)$$

式中，s 为 Laplace 空间的时间变量。

对上面的数学模型进行 Laplace 变换，有：

$$\frac{\partial^2 \tilde{\psi}_{fD0}}{\partial r_D^2} + \left(\frac{1}{r_D}\right)\frac{\partial \tilde{\psi}_{fD0}}{\partial r_D} = (1 - \omega)s\tilde{p}_{mD} + \omega s\tilde{\psi}_{fD0} \qquad (7-73)$$

$$(1 - \omega)s\tilde{p}_{mD} = \lambda(\tilde{p}_{fD} - \tilde{p}_{mD}) \qquad (7-74)$$

$$\left(\frac{\partial \tilde{\psi}_{fD0}}{\partial r_D}\right)_{r_D = 1} = -\frac{1}{s} \qquad (7-75)$$

$$\frac{\partial \tilde{\psi}_{fD0}}{\partial r_D}\Big|_{r_D = r_{eD}} = 0 \qquad (7-76)$$

联立式 (7-73) 和式 (7-74), 有:

$$\frac{\partial^2 \tilde{\psi}_{fD0}}{\partial r_D^2} + \left(\frac{1}{r_D}\right)\frac{\partial \tilde{\psi}_{fD0}}{\partial r_D} = \frac{(1 - \omega)\lambda s}{(1 - \omega)s + \lambda}\tilde{p}_{fD} + \omega s\tilde{\psi}_{fD0} \qquad (7-77)$$

对 Pedrosa 变换式 (7-60) 进行泰勒展开, 可得到:

$$p_{fD} = -\frac{1}{\varepsilon_D}\ln[1 - \varepsilon_D\psi_{fD}(r_D, z_D, t_D)] = \psi_{fD} + \frac{1}{2}\varepsilon_D\psi_{fD}^2 + \cdots \qquad (7-78)$$

同样, 当应力敏感弹性参数 ε_D 较小时, 零阶变换解足以满足精度要求, 因而在拉式空间有:

$$\tilde{p}_{fD} \approx \tilde{\psi}_{fD0} \qquad (7-79)$$

将式 (7-79) 代入式 (7-77) 中, 控制方程可简化为:

$$\frac{\partial^2 \tilde{\psi}_{fD0}}{\partial r_D^2} + \left(\frac{1}{r_D}\right)\frac{\partial \tilde{\psi}_{fD0}}{\partial r_D} = sf(s)\tilde{\psi}_{fD0} \qquad (7-80)$$

其中:

$$f(s) = \frac{\lambda + (1 - \omega)\omega s}{(1 - \omega)s + \lambda}$$

5. 模型的解

式 (7-80) 为零阶修正贝塞尔方程, 结合其通解和相应的控制条件, 可推导出所求数学模型的零阶摄动解析解:

$$\tilde{\psi}_{fD0}(r_D, s) = \frac{1}{s\sqrt{sf(s)}} \frac{K_1\left[r_{eD}\sqrt{sf(s)}\right]I_0\left[r_D\sqrt{sf(s)}\right] + I_1\left[r_{eD}\sqrt{sf(s)}\right]K_0\left[r_D\sqrt{sf(s)}\right]}{K_1\left[\sqrt{sf(s)}\right]I_1\left[r_{eD}\sqrt{sf(s)}\right] - K_1\left[r_{eD}\sqrt{sf(s)}\right]I_1\left[\sqrt{sf(s)}\right]}$$

$$(7-81)$$

因此, Pedrosa 变换后渗流数学模型的近似解析解为:

$$\tilde{\psi}_{fD}(r_D, s) \approx \tilde{\psi}_{fD0}(r_D, s)$$

$$= \frac{1}{s\sqrt{sf(s)}} \frac{K_1\left[r_{eD}\sqrt{sf(s)}\right]I_0\left[r_D\sqrt{sf(s)}\right] + I_1\left[r_{eD}\sqrt{sf(s)}\right]K_0\left[r_D\sqrt{sf(s)}\right]}{K_1\left[\sqrt{sf(s)}\right]I_1\left[r_{eD}\sqrt{sf(s)}\right] - K_1\left[r_{eD}\sqrt{sf(s)}\right]I_1\left[\sqrt{sf(s)}\right]}$$

$$(7-82)$$

对式（7-82）进行 Stehfest 数值反演，可得到其在实空间中的近似解析解 ψ_{fD} （r_D, t_D），然后代入 Pedrosa 变换式（7-60）即可得到裂缝闭合条件下直井渗流数学模型在实空间的近似解析解。取 $r_D = 1$，对应为直井井壁压力的解析解。

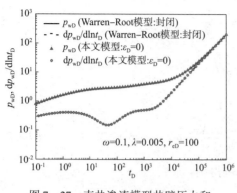

图 7-27　直井渗流模型井壁压力和
压力导数的对比验证

6. 模型的验证

当 $\varepsilon_D = 0$ 时，储层无应力敏感性，上述模型退化成 Warren-Root 模型中边界条件封闭的情况。因此，可利用本模型计算出 $\varepsilon_D = 0$ 时的结果与 Warren-Root 模型中边界封闭时的计算结果对比，来验证模型解的准确性。图 7-27 为两种情况下所计算出的井壁压力和压力导数的对比结果，可以看出本模型的计算结果与 Warren-Root 模型基本完全吻合，说明本数学模型是准确可靠的。

7.3.3　裂缝孔隙型储层应力敏感性对直井渗流的影响

图 7-28 和图 7-29 为不同应力敏感弹性系数下直井井壁压力随时间的变化关系曲线，分别对应于普通坐标和对数坐标。整体上，随着生产时间的增加，直井井壁压力早期平缓增加，晚期急速上升，尤其是在压力碰边之后。因此，油井定产生产时，储层应力敏感性对早期地层压降影响不大，但对晚期影响却十分显著；应力敏感弹性系数越大，储层应力敏感性越强，晚期地层压降越多。这是因为储层应力敏感性越强，裂缝渗透率在地层压力下降过程中受损越严重，从而导致储层渗流能力变差。此时，生产相同的原油，需要消耗更多的能量。同时，当 $\varepsilon_D = 0$ 时，晚期的井壁压力曲线在双对数图上呈斜率为 1 的直线，这是封闭边界油藏的典型特征；当 ε_D 大于 0 时，晚期的井壁压力曲线在双对数图上的斜率大于 1，并且 ε_D 越大，斜率越大，进一步说明应力敏感性越强，地层压力降落越显著。

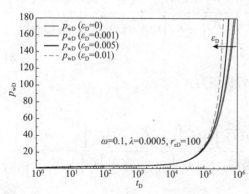

图 7-28　不同应力敏感系数下直井井壁压力
与时间的关系曲线（普通坐标）

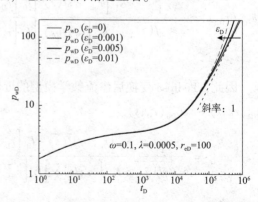

图 7-29　不同应力敏感系数下直井井壁压力
与时间的关系曲线（对数坐标）

7.4 裂缝孔隙型储层应力敏感性对水平井渗流规律影响

本节重点研究水平井在裂缝闭合条件下的渗流规律及储层应力敏感性给其不稳定渗流带来的影响。同样，采用前面的双重介质新模型进行推导和研究。

7.4.1 裂缝闭合条件下点源模型的建立和求解

在建立水平井渗流数学模型时，储层和流体的相关假设条件与前一节完全相同，只是井筒参数有所不同。这里假设水平井长度为 $2L$，垂向位置为 z_w，油井定产量生产，水平井井筒两端没有流动（图 7 – 30）。

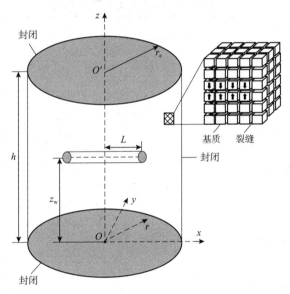

图 7 – 30　裂缝闭合的双重介质油藏水平井模型示意图

按照点源函数理论，将水平井看成线源，只需对点源进行积分叠加即可得到线源解。因此，获取水平井渗流数学模型的解，关键在于确定点源解。根据建立直井渗流数学模型的过程，结合上述假设条件，可建立柱坐标系中考虑裂缝闭合的点源数学模型。

（1）裂缝系统控制方程：

$$\frac{k_f}{\mu}\left\{\left(\frac{\partial^2 p_f}{\partial r^2} + \frac{1}{r}\frac{\partial p_f}{\partial r} + \frac{\partial^2 p_f}{\partial z^2}\right) + \varepsilon\left[\left(\frac{\partial p_f}{\partial r}\right)^2 + \left(\frac{\partial p_f}{\partial z}\right)^2\right]\right\} = \phi_{f0}c_f\frac{\partial p_f}{\partial t} + \phi_{m0}c_m\frac{\partial p_m}{\partial t} \quad (7-83)$$

（2）基质系统控制方程：

$$-\frac{\alpha k_m}{\mu}(p_m - p_f) = \phi_{m0}c_m\frac{\partial p_m}{\partial t} \quad (7-84)$$

（3）初始条件：

$$p_f(r,z,0) = p_m(r,z,0) = 0 \qquad (7-85)$$

（4）内边界条件：

$$\lim_{\zeta \to 0}\left[\frac{1}{\zeta}\lim_{r \to 0}\int_{z_w-\frac{\zeta}{2}}^{z_w+\frac{\zeta}{2}}\left(\frac{2\pi k_f}{\mu B}r\frac{\partial p_f}{\partial r}\right)\mathrm{d}z\right] = q_{point}(t) \qquad (7-86)$$

（5）外边界条件和上下边界条件：

$$\frac{\partial p_f}{\partial r}\bigg|_{r=r_e} = 0,\frac{\partial p_f}{\partial z}\bigg|_{z=0} = \frac{\partial p_f}{\partial z}\bigg|_{z=h} = 0 \qquad (7-87)$$

1. 无量纲化

定义如表 7-8 所示的无量纲量，可将上面的点源数学模型无量纲化。

表 7-8 水平井渗流模型的无量纲定义

参数	定义
无量纲时间	$t_D = \dfrac{k_f t}{\mu\left[\phi_{f0}c_f + \phi_{m0}c_m\right]r_w^2}$
无量纲压力	$p_{jD} = \dfrac{2\pi k_f h(p_i - p_j)}{q\mu B}$
无量纲坐标	$x_D = \dfrac{x}{L}, y_D = \dfrac{y}{L}, z_D = \dfrac{z}{h}$
无量纲井筒坐标	$x_{wD} = \dfrac{x_w}{L}, y_{wD} = \dfrac{y_w}{L}, z_{wD} = \dfrac{z_w}{h}$
无量纲半径	$r_D = \dfrac{r}{L} = \sqrt{x_D^2 + y_D^2}$
无量纲井筒半径	$r_{wD} = \dfrac{r_w}{L}$
无量纲油藏半径	$r_{eD} = \dfrac{r_e}{L}$
无量纲井筒垂向位置坐标	$z_{wD} = \dfrac{z_w}{h}$
无量纲井筒长度	$L_D = \dfrac{L}{h}$
无量纲油藏厚度	$h_D = \dfrac{h}{r_w}$
无量纲无限小垂向距离	$\zeta_D = \dfrac{\zeta}{h}$
无量纲应力敏感弹性参数	$\varepsilon_D = \dfrac{q\mu B}{2\pi k_f h}\varepsilon$
窜流系数	$\lambda = \dfrac{\alpha k_m r_w^2}{k_f}$

参数	定义
裂缝储容比	$\omega = \dfrac{\phi_{f0}c_f}{\phi_{f0}c_f + \phi_{m0}c_m}$
无量纲点源产量	$q_{pointD}(t_D) = \dfrac{q_{point}(t)}{q}$
井筒存储系数	$C_D = \dfrac{C}{2\pi h(\phi_{f0}c_f + \phi_{m0}c_m)r_w^2}$
表皮系数	$S = \dfrac{2\pi k_f h}{q\mu B}\Delta p_s$

（1）裂缝系统控制方程：

$$\frac{\partial^2 p_{fD}}{\partial r_D^2} + \frac{1}{r_D}\frac{\partial p_{fD}}{\partial r_D} + L_D^2 \frac{\partial^2 p_{fD}}{\partial z_D^2} - \varepsilon_D\left[\left(\frac{\partial p_{fD}}{\partial r_D}\right)^2 + L_D^2\left(\frac{\partial p_{fD}}{\partial z_D}\right)^2\right] = (L_D h_D)^2\left[\omega\frac{\partial p_{fD}}{\partial t_D} + (1-\omega)\frac{\partial p_{mD}}{\partial t_D}\right]$$

$$(7-88)$$

（2）基质系统控制方程：

$$-\lambda(p_{mD} - p_{fD}) = (1-\omega)\frac{\partial p_{mD}}{\partial t_D} \qquad (7-89)$$

（3）初始条件：

$$p_{fD}(r_D,z_D,0) = p_{mD}(r_D,z_D,0) = 0 \qquad (7-90)$$

（4）内边界条件：

$$\lim_{\zeta_D \to 0}\left[\frac{1}{\zeta_D}\lim_{r_D \to 0}\int_{z_{wD}-\frac{\zeta_D}{2}}^{z_{wD}+\frac{\zeta_D}{2}}\left(r_D\frac{\partial p_{fD}}{\partial r_D}\right)dz_D\right] = -q_{pointD}(t_D) \qquad (7-91)$$

（5）外边界条件和上下边界条件：

$$\frac{\partial p_{fD}}{\partial r_D}\bigg|_{r_D=r_{eD}} = 0,\ \frac{\partial p_{fD}}{\partial z_D}\bigg|_{z_D=0} = \frac{\partial p_{fD}}{\partial z_D}\bigg|_{z_D=1} = 0 \qquad (7-92)$$

2. Pedrosa 变换

利用前面的 Pedrosa 变换式（7-60）可弱化水平井渗流数学模型的非线性，Pedrosa 变换后的方程组为：

$$\frac{\partial^2 \psi_{fD}}{\partial r_D^2} + \frac{1}{r_D}\frac{\partial \psi_{fD}}{\partial r_D} + L_D^2\frac{\partial^2 \psi_{fD}}{\partial z_D^2} = (L_D h_D)^2\left[\omega\frac{\partial \psi_{fD}}{\partial t_D} + (1-\varepsilon_D\psi_{fD})(1-\omega)\frac{\partial p_{mD}}{\partial t_D}\right] \qquad (7-93)$$

$$-\lambda(p_{mD} - p_{fD}) = (1-\omega)\frac{\partial p_{mD}}{\partial t_D} \qquad (7-94)$$

$$\psi_{fD}(r_D,z_D,0) = p_{mD}(r_D,z_D,0) = 0 \qquad (7-95)$$

$$\lim_{\zeta_D \to 0}\left[\frac{1}{\zeta_D}\lim_{r_D \to 0}\int_{z_{wD}-\frac{\zeta_D}{2}}^{z_{wD}+\frac{\zeta_D}{2}}\left(r_D\frac{1}{1-\varepsilon_D\psi_{fD}}\frac{\partial \psi_{fD}}{\partial r_D}\right)dz_D\right] = -q_{pointD}(t_D) \qquad (7-96)$$

$$\left.\frac{\partial \psi_{fD}}{\partial r_D}\right|_{r_D = r_{eD}} = 0, \left.\frac{\partial \psi_{fD}}{\partial z_D}\right|_{z_D = 0} = \left.\frac{\partial \psi_{fD}}{\partial z_D}\right|_{z_D = 1} = 0 \tag{7-97}$$

3. 摄动变换

根据摄动原理［式（7-66）］，取零阶情形，无量纲数学模型进一步简化成：

$$\frac{\partial^2 \psi_{fD0}}{\partial r_D^2} + \frac{1}{r_D}\frac{\partial \psi_{fD0}}{\partial r_D} + L_D^2 \frac{\partial^2 \psi_{fD0}}{\partial z_D^2} = (L_D h_D)^2 \left[\omega \frac{\partial \psi_{fD0}}{\partial t_D} + (1-\omega)\frac{\partial p_{mD}}{\partial t_D}\right] \tag{7-98}$$

$$-\lambda(p_{mD} - p_{fD}) = (1-\omega)\frac{\partial p_{mD}}{\partial t_D} \tag{7-99}$$

$$\psi_{fD0}(r_D, z_D, 0) = p_{mD}(r_D, z_D, 0) = 0 \tag{7-100}$$

$$\lim_{\zeta_D \to 0}\left[\frac{1}{\zeta_D}\lim_{r_D \to 0}\int_{z_{wD}-\frac{\zeta_D}{2}}^{z_{wD}+\frac{\zeta_D}{2}}\left(r_D \frac{\partial \psi_{fD0}}{\partial r_D}\right)dz_D\right] = -q_{pointD}(t_D) \tag{7-101}$$

$$\left.\frac{\partial \psi_{fD0}}{\partial r_D}\right|_{r_D = r_{eD}} = 0, \left.\frac{\partial \psi_{fD0}}{\partial z_D}\right|_{z_D = 0} = \left.\frac{\partial \psi_{fD0}}{\partial z_D}\right|_{z_D = 1} = 0 \tag{7-102}$$

4. Laplace 变换

对上面的数学模型进行 Laplace 变换，数学模型可转换成：

$$\frac{\partial^2 \tilde{\psi}_{fD0}}{\partial r_D^2} + \frac{1}{r_D}\frac{\partial \tilde{\psi}_{fD0}}{\partial r_D} + L_D^2 \frac{\partial^2 \tilde{\psi}_{fD0}}{\partial z_D^2} = s(L_D h_D)^2 \left[\omega \tilde{\psi}_{fD0} + (1-\omega)\tilde{p}_{mD}\right] \tag{7-103}$$

$$-\lambda(\tilde{p}_{mD} - \tilde{p}_{fD}) = (1-\omega)s\tilde{p}_{mD} \tag{7-104}$$

$$\lim_{\zeta_D \to 0}\left[\frac{1}{\zeta_D}\lim_{r_D \to 0}\int_{z_{wD}-\frac{\zeta_D}{2}}^{z_{wD}+\frac{\zeta_D}{2}}\left(r_D \frac{\partial \tilde{\psi}_{fD0}}{\partial r_D}\right)dz_D\right] = -\tilde{q}_{pointD}(s) \tag{7-105}$$

$$\left.\frac{\partial \tilde{\psi}_{fD0}}{\partial r_D}\right|_{r_D = r_{eD}} = 0, \left.\frac{\partial \tilde{\psi}_{fD0}}{\partial z_D}\right|_{z_D = 0} = \left.\frac{\partial \tilde{\psi}_{fD0}}{\partial z_D}\right|_{z_D = 1} = 0 \tag{7-106}$$

联立式（7-103）和式（7-104），有：

$$\frac{\partial^2 \tilde{\psi}_{fD0}}{\partial r_D^2} + \frac{1}{r_D}\frac{\partial \tilde{\psi}_{fD0}}{\partial r_D} + L_D^2 \frac{\partial^2 \tilde{\psi}_{fD0}}{\partial z_D^2} = s(L_D h_D)^2 \left[\omega \tilde{\psi}_{fD0} + \frac{(1-\omega)\lambda}{(1-\omega)s + \lambda}\tilde{p}_{fD}\right] \tag{7-107}$$

同样，考虑到 $\tilde{p}_{fD} \approx \tilde{\psi}_{fD0}$，上式进一步简化成：

$$\frac{\partial^2 \tilde{\psi}_{fD0}}{\partial r_D^2} + \frac{1}{r_D}\frac{\partial \tilde{\psi}_{fD0}}{\partial r_D} + L_D^2 \frac{\partial^2 \tilde{\psi}_{fD0}}{\partial z_D^2} = sf(s)(L_D h_D)^2 \tilde{\psi}_{fD0} \tag{7-108}$$

其中：

$$f(s) = \frac{\omega(1-\omega)s + \lambda}{(1-\omega)s + \lambda}$$

5. Fourier 变换

定义以下关于垂向坐标 z_D 的有限 Fourier 余弦变换：

$$F[\tilde{\psi}_{\mathrm{fD0}}(r_{\mathrm{D}},z_{\mathrm{D}},s)] = \overline{\tilde{\psi}}_{\mathrm{fD0}}(r_{\mathrm{D}},n,s) = \int_0^1 \tilde{\psi}_{\mathrm{fD0}}(r_{\mathrm{D}},s)\cos(n\pi z_{\mathrm{D}})\,\mathrm{d}z_{\mathrm{D}} \qquad (7-109)$$

其对应的有限 Fourier 余弦反变换为：

$$F^{-1}[\overline{\tilde{\psi}}_{\mathrm{fD0}}(r_{\mathrm{D}},n,s)] = \tilde{\psi}_{\mathrm{fD0}}(r_{\mathrm{D}},z_{\mathrm{D}},s) = \sum_{n=0}^{\infty} \frac{\cos(n\pi z_{\mathrm{D}})}{N(n)}\overline{\tilde{\psi}}_{\mathrm{fD0}}(r_{\mathrm{D}},n,s) \qquad (7-110)$$

其中：
$$N(n) = \int_0^1 \cos^2(n\pi z_{\mathrm{D}})\,\mathrm{d}z_{\mathrm{D}} = \begin{cases} 1, & n = 0 \\ 1/2 & n \neq 0 \end{cases}$$

对式（7-108）、式（7-105）和式（7-106）中的垂向坐标 z_D 施以上述变换，有：

$$\frac{\partial^2 \overline{\tilde{\psi}}_{\mathrm{fD0}}}{\partial r_{\mathrm{D}}^2} + \frac{1}{r_{\mathrm{D}}}\frac{\partial \overline{\tilde{\psi}}_{\mathrm{fD0}}}{\partial r_{\mathrm{D}}} = [sf(s)(L_{\mathrm{D}}h_{\mathrm{D}})^2 + n^2\pi^2 L_{\mathrm{D}}^2]\overline{\tilde{\psi}}_{\mathrm{fD0}} \qquad (7-111)$$

$$\lim_{\zeta_{\mathrm{D}}\to 0}\left(r_{\mathrm{D}}\frac{\partial \overline{\tilde{\psi}}_{\mathrm{fD0}}}{\partial r_{\mathrm{D}}}\right)_{r_{\mathrm{D}}=\zeta_{\mathrm{D}}} = -\tilde{q}_{\mathrm{pointD}}(s)\cos(n\pi z_{\mathrm{wD}}) \qquad (7-112)$$

$$\frac{\partial \overline{\tilde{\psi}}_{\mathrm{fD0}}}{\partial r_{\mathrm{D}}}\bigg|_{r_{\mathrm{D}}=r_{\mathrm{eD}}} = 0 \qquad (7-113)$$

6. 点源解

方程（7-111）为零阶修正贝塞尔方程，结合其通解和相应的控制条件，可推导出所求点源模型的零阶摄动解：

$$\overline{\tilde{\psi}}_{\mathrm{fD0}}(r_{\mathrm{D}},n,s) = \tilde{q}_{\mathrm{pointD}}(s)\cos(n\pi z_{\mathrm{wD}})\left[K_0(\sqrt{u_{\mathrm{n}}}r_{\mathrm{D}}) + \frac{K_1(\sqrt{u_{\mathrm{n}}}r_{\mathrm{eD}})}{I_1(\sqrt{u_{\mathrm{n}}}r_{\mathrm{eD}})}I_0(\sqrt{u_{\mathrm{n}}}r_{\mathrm{D}})\right]$$
$$(7-114)$$

其中：
$$u_{\mathrm{n}} = sf(s)(L_{\mathrm{D}}h_{\mathrm{D}})^2 + n^2\pi^2 L_{\mathrm{D}}^2$$

因此，Pedrosa 变换后点源数学模型的近似解析解为：

$$\tilde{\psi}_{\mathrm{fD}}(r_{\mathrm{D}},z_{\mathrm{D}},s) \approx \tilde{\psi}_{\mathrm{fD0}}(r_{\mathrm{D}},z_{\mathrm{D}},s)$$

$$= \tilde{q}_{\mathrm{pointD}}(s)\left\{K_0(\sqrt{u_0}r_{\mathrm{D}}) + \frac{K_1(\sqrt{u_0}r_{\mathrm{eD}})}{I_1(\sqrt{u_0}r_{\mathrm{eD}})}I_0(\sqrt{u_0}r_{\mathrm{D}}) + \right.$$

$$\left. 2\sum_{n=1}^{\infty}\left[\cos(n\pi z_{\mathrm{D}})\cos(n\pi z_{\mathrm{wD}})\left(K_0(\sqrt{u_{\mathrm{n}}}r_{\mathrm{D}}) + \frac{K_1(\sqrt{u_{\mathrm{n}}}r_{\mathrm{eD}})}{I_1(\sqrt{u_{\mathrm{n}}}r_{\mathrm{eD}})}I_0(\sqrt{u_{\mathrm{n}}}r_{\mathrm{D}})\right)\right]\right\}$$

$$(7-115)$$

根据水平井模型示意图（图7-30），水平井筒沿 x 轴方向部署，显然有 $y_{\mathrm{wD}}=0$，我们可以得到下面的关系式：

$$r_{\mathrm{D}} = \sqrt{(x_{\mathrm{D}}-x_{\mathrm{wD}})^2 + y_{\mathrm{D}}^2} \qquad (7-116)$$

将式（7-116）代入式（7-115）中，进一步可得到直角坐标系下点源数学模型的近似解析解：

$$
\tilde{\psi}_{fD}(x_D, y_D, z_D, x_{wD}, z_{wD}, r_{eD}, h_D, L_D, s) =
$$

$$
\tilde{q}_{pointD}(s)\left\{K_0\left[\sqrt{u_0}\sqrt{(x_D-x_{wD})^2+y_D^2}\right] + \frac{K_1(\sqrt{u_0}r_{eD})}{I_1(\sqrt{u_0}r_{eD})}I_0\left[\sqrt{u_0}\sqrt{(x_D-x_{wD})^2+y_D^2}\right] + \right.
$$

$$
\left. 2\sum_{n=1}^{\infty}\left[\cos(n\pi z_D)\cos(n\pi z_{wD})\left(\begin{array}{l}K_0(\sqrt{u_n}\sqrt{(x_D-x_{wD})^2+y_D^2}) + \\ \frac{K_1(\sqrt{u_n}r_{eD})}{I_1(\sqrt{u_n}r_{eD})}I_0(\sqrt{u_n}\sqrt{(x_D-x_{wD})^2+y_D^2})\end{array}\right)\right]\right\}
$$

$$
(7-117)
$$

7.4.2 裂缝闭合条件下水平井模型的解和验证

1. 水平井模型的解

当沿着水平井井筒的流量均匀分布时，对式（7-117）中 x_{wD} 在 $-1\sim1$ 的区间内进行积分，然后令 $y_D=0$ 和 $z_D=z_{wD}+r_{wD}L_D$，我们可得到裂缝孔隙型油藏中均匀流量水平井筒内壁的压力分布：

$$
s\tilde{\psi}_{HWfD}^{UFFLX}(x_D, z_{wD}, r_{eD}, h_D, L_D, s) =
$$

$$
\frac{1}{2}\left[\int_{-1}^{1}K_0(\sqrt{u_0}|x_D-x_{wD}|)dx_{wD} + \frac{K_1(\sqrt{u_0}r_{eD})}{I_1(\sqrt{u_0}r_{eD})}\int_{-1}^{1}I_0(\sqrt{u_0}|x_D-x_{wD}|)dx_{wD}\right] +
$$

$$
\sum_{n=1}^{\infty}\left[\begin{array}{l}\cos(n\pi(z_{wD}+r_{wD}L_D))\cos(n\pi z_{wD}) \\ \left(\int_{-1}^{1}K_0(\sqrt{u_n}|x_D-x_{wD}|)dx_{wD} + \frac{K_1(\sqrt{u_n}r_{eD})}{I_1(\sqrt{u_n}r_{eD})}\int_{-1}^{1}I_0(\sqrt{u_n}|x_D-x_{wD}|)dx_{wD}\right)\end{array}\right]
$$

$$
(7-118)
$$

均匀流量解是水平井解的一种形式，由于假设井筒内壁流量是均匀分布的，沿着水平井筒的井壁压力会随着测压位置和时间的改变而不断变化。无限导流解也是水平井解的一种形式，这种解假设井筒内部没有压降，即井筒内部各处压力相等。一般而言，无限导流解可在均匀流量解中取井筒固定位置的压力得到。

Clonts 和 Ramey 研究认为均匀流量解中 $x_D=0.732$ 位置处的压力可近似代表水平井的无限导流解，Ozkan 采用这个位置的压力分析了水平井的不稳定压力变化规律。不同的学者提出了不同的等效测压位置，Daviau 等认为 $x_D=0.7$ 的位置处更好，而 Rosa 和 de Carvalho 认为 $x_D=0.68$ 的位置处更佳，目前关于取哪个测压位置最好仍然没有一个确切的结论。

Kuchuk 等对均匀流量解进行积分平均，近似得到水平井的无限导流解。本文同样采用这种方法来计算水平井的无限导流解：

$$
\begin{aligned}
s\tilde{\psi}^{\mathrm{INFCD}}_{\mathrm{HWfD}}(z_{\mathrm{wD}},r_{\mathrm{eD}},h_{\mathrm{D}},L_{\mathrm{D}},s) = {}& \frac{1}{4}\int_{-1}^{1}\int_{-1}^{1}K_0(\sqrt{u_0}\,|\,x_{\mathrm{D}}-x_{\mathrm{wD}}\,|)\,\mathrm{d}x_{\mathrm{wD}} + \\[2mm]
& \frac{K_1(\sqrt{u_0}\,r_{\mathrm{eD}})}{I_1(\sqrt{u_0}\,r_{\mathrm{eD}})}\int_{-1}^{1}I_0(\sqrt{u_0}\,|\,x_{\mathrm{D}}-x_{\mathrm{wD}}\,|)\,\mathrm{d}x_{\mathrm{wD}}\mathrm{d}x_{\mathrm{D}} + \\[2mm]
& \frac{1}{2}\sum_{n=1}^{\infty}\left[\begin{array}{l}\cos(n\pi(z_{\mathrm{wD}}+r_{\mathrm{wD}}L_{\mathrm{D}}))\cos(n\pi z_{\mathrm{wD}})\displaystyle\int_{-1}^{1}\int_{-1}^{1}K_0(\sqrt{u_n}\,|\,x_{\mathrm{D}}-x_{\mathrm{wD}}\,|)\ \mathrm{d}x_{\mathrm{wD}} + \\[3mm] \dfrac{K_1(\sqrt{u_n}r_{\mathrm{eD}})}{I_1(\sqrt{u_n}r_{\mathrm{eD}})}\displaystyle\int_{-1}^{1}I_0(\sqrt{u_n}\,|\,x_{\mathrm{D}}-x_{\mathrm{wD}}\,|)\ \mathrm{d}x_{\mathrm{wD}}\mathrm{d}x_{\mathrm{D}}\end{array}\right]
\end{aligned}
$$

$$(7-119)$$

考虑井筒存储和表皮效应，二者的影响很容易加入到均匀流量解和无限导流解中去，分别为：

$$
\tilde{\psi}^{\mathrm{UFFLX}}_{\mathrm{HWfDSS}}(x_{\mathrm{D}},y_{\mathrm{D}},z_{\mathrm{D}},z_{\mathrm{wD}},r_{\mathrm{eD}},h_{\mathrm{D}},L_{\mathrm{D}},C_{\mathrm{D}},S,s) = \frac{s\tilde{\psi}^{\mathrm{UFFLX}}_{\mathrm{HWfD}}(x_{\mathrm{D}},y_{\mathrm{D}},z_{\mathrm{D}},z_{\mathrm{wD}},r_{\mathrm{eD}},h_{\mathrm{D}},L_{\mathrm{D}},s)+S}{s\{1+sC_{\mathrm{D}}[s\tilde{\psi}^{\mathrm{UFFLX}}_{\mathrm{HWfD}}(x_{\mathrm{D}},y_{\mathrm{D}},z_{\mathrm{D}},z_{\mathrm{wD}},r_{\mathrm{eD}},h_{\mathrm{D}},L_{\mathrm{D}},s)+S]\}}
$$

$$(7-120)$$

$$
\tilde{\psi}^{\mathrm{INFCD}}_{\mathrm{HWfDSS}}(z_{\mathrm{wD}},r_{\mathrm{eD}},h_{\mathrm{D}},L_{\mathrm{D}},C_{\mathrm{D}},S,s) = \frac{s\tilde{\psi}^{\mathrm{INFCD}}_{\mathrm{HWfD}}(z_{\mathrm{wD}},r_{\mathrm{eD}},h_{\mathrm{D}},L_{\mathrm{D}},s)+S}{s\{1+sC_{\mathrm{D}}[s\tilde{\psi}^{\mathrm{INFCD}}_{\mathrm{HWfD}}(z_{\mathrm{wD}},r_{\mathrm{eD}},h_{\mathrm{D}},L_{\mathrm{D}},s)+S]\}}
$$

$$(7-121)$$

对以上两式进行 Stehfest 数值反演，可得到水平井在实空间的近似解析解，包括均匀流量和无量导流两种形式：$\psi^{\mathrm{UFFLX}}_{\mathrm{HWfDSS}}$ 和 $\psi^{\mathrm{INFCD}}_{\mathrm{HWfDSS}}$。然后代入 Pedrosa 变换式（7-60）即可得到裂缝闭合条件下水平井渗流数学模型在实空间的近似解析解。

（1）水平井均匀流量解：

$$
p^{\mathrm{UFFLX}}_{\mathrm{HWfDSS}}(x_{\mathrm{D}},z_{\mathrm{wD}},r_{\mathrm{eD}},h_{\mathrm{D}},L_{\mathrm{D}},C_{\mathrm{D}},S,\varepsilon_{\mathrm{D}},t_{\mathrm{D}}) = -\frac{1}{\varepsilon_{\mathrm{D}}}\ln[1-\varepsilon_{\mathrm{D}}\psi^{\mathrm{UFFLX}}_{\mathrm{HWfDSS}}(x_{\mathrm{D}},z_{\mathrm{wD}},r_{\mathrm{eD}},h_{\mathrm{D}},L_{\mathrm{D}},C_{\mathrm{D}},S,t_{\mathrm{D}})]
$$

$$(7-122)$$

（2）水平井无限导流解：

$$
p^{\mathrm{INFCD}}_{\mathrm{HWfDSS}}(z_{\mathrm{wD}},r_{\mathrm{eD}},h_{\mathrm{D}},L_{\mathrm{D}},C_{\mathrm{D}},S,\varepsilon_{\mathrm{D}},t_{\mathrm{D}}) = -\frac{1}{\varepsilon_{\mathrm{D}}}\ln[1-\varepsilon_{\mathrm{D}}\psi^{\mathrm{INFCD}}_{\mathrm{HWfDSS}}(z_{\mathrm{wD}},r_{\mathrm{eD}},h_{\mathrm{D}},L_{\mathrm{D}},C_{\mathrm{D}},S,t_{\mathrm{D}})]
$$

$$(7-123)$$

当应力敏感弹性参数 $\varepsilon_{\mathrm{D}}=0$ 时，上面的均匀流量解和无限导流解可退化成不考虑应力敏感性的水平井模型的解。

2. 水平井模型的验证

de Carvalho 和 Rosa 取水平井筒 $x_{\mathrm{D}}=0.68$ 处分析天然裂缝油藏中水平井的不稳定压力变换规律，但未考虑储层的应力敏感性，相当于本文所建立的水平井模型中取 $\varepsilon_{\mathrm{D}}=0$。因此，可对比本模型所计算的不稳定压力与 de Carvalho 和 Rosa 所计算的压力来验证所建立水平井模型的准确性。图7－31为两种模型所计算不稳定压力的对比结果，可以看出两者基本吻合，这说明所求解析解是准确可靠的。

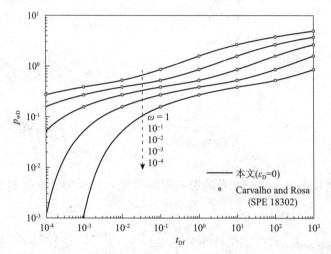

图7－31　水平井不稳定压力的对比验证（本文与SPE－18302对比）

7.4.3　裂缝孔隙型储层水平井渗流规律分析

1. 有无应力敏感性的对比

利用裂缝闭合条件下水平井模型的无限导流解，分别计算出 $\varepsilon_D = 0$ 和 $\varepsilon_D \neq 0$ 时的井壁压力，可对比有无储层应力敏感性时水平井不稳定渗流规律的差异。图7－32为 $\varepsilon_D = 0$ 和 $\varepsilon_D = 0.1$ 时的井壁压力和压力导数随时间的变化关系曲线，对比结果表明应力敏感性主要影响水平井晚期的渗流规律，对早中期的渗流规律影响不大。存在应力敏感性时，生产相同的原油，晚期的压力降落更显著且更快，这与生产晚期地层压力下降使裂缝发生闭合有关。

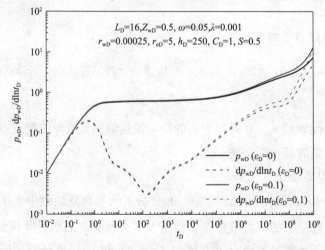

图7－32　有无应力敏感性条件下水平井不稳定压力分布的对比

2. 典型流动段的识别和划分

图 7 – 33 绘制了无量纲应力敏感弹性参数 $\varepsilon_D = 0$ 和 $\varepsilon_D = 0.05$ 下的水平井无量纲压力及压力导数曲线。其中，实线为无量纲压力，虚线为无量纲压力导数。可将其划分为 9 个流动段。

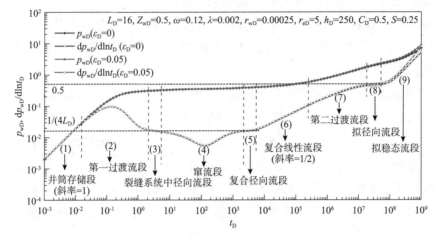

图 7 – 33 裂缝闭合条件下水平井典型流动段的识别和划分

（1）井筒存储段：压力和压力导数曲线的斜率均为 1，反映井筒存储的性质。

（2）第一过渡流段：井筒存储段过渡到天然裂缝系统中的径向流段，压力导数曲线为驼峰形状。

（3）天然裂缝系统中的径向流段：压力导数曲线为水平的直线，其值为 $1/(4L_D)$，与无量纲水平井筒长度有关，储层中流线指向井筒，如图 7 – 34（a）所示。

（4）窜流段：压力导数曲线为凹槽，这是裂缝孔隙型油藏的典型特征，反映流体由基质系统向裂缝系统窜流的性质，凹槽的深浅和跨度取决于窜流系数。

（5）复合径向流段：这个流动段出现在窜流段结束之后，流体在裂缝系统和基质系统中的流动达到平衡，储层中出现垂直面内的径向流，流线都指向井筒［图 7 – 34（a）］，此时压力导数曲线同样为水平的直线，其值也为 $1/(4L_D)$。

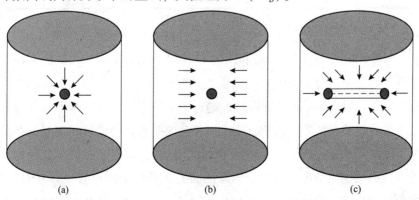

图 7 – 34 裂缝闭合条件下水平井典型流动段的流动示意图

（6）复合线性流段：储层的厚度远远小于油藏半径，当压力波及到上下边界之后，储层中的流动以水平方向为主，所有的流线平行于储层的顶底界面，如图 7 – 34（b）所示，其压力导数曲线的斜率为 1/2。

（7）第二过渡流段：复合线性流段过渡到拟径向流段。

（8）拟径向流段：当油藏泄油半径足够大时，会出现水平面内的径向流 [图 7 – 34（c）]。与不考虑压应力敏感性时有所不同，考虑应力敏感性时的压力导数曲线不是水平的直线，而是上翘的曲线。

（9）拟稳态流段：压力波及到封闭外边界之后，储层中出现拟稳态流动，由于存在应力敏感性，其无量纲压力和压力导数曲线的斜率均大于 1。

根据压力导数曲线，可识别出 5 ~ 7 个流动特征清晰的典型流动段，用于试井分析，比如：井筒存储段，其斜率为 1；天然裂缝系统中的径向流和复合径向流，其斜率为 $1/(4L_D)$；基质裂缝窜流段，压力导数为凹槽；复合线性流，其斜率为 1/2；拟稳态流，其斜率与 ε_D 有关。由于储层和水平井井筒参数的差异，部分流动段可能无法从压力导数曲线上观察到。

3. 水平井井壁压力变化规律

对于均匀流量水平井，井壁压力分布是不均匀的，有必要研究水平井井壁的压力剖面。根据水平井的均匀流量解 [式（7 – 122）]，使用表 7 – 9 中的参数取值，可计算分析不同应力敏感弹性参数下水平井井壁压力分布随时间的变化情况。

表 7 – 9　水平井井壁压力分析的参数取值

参数	取值	参数	取值
ω	0.1	r_{wD}	0.00025
λ	0.003	z_{wD}	0.5
r_{eD}	4	L_D	16
h_D	250	C_D	0.5
x_D	– 1 ~ 1	S	0.25

图 7 – 35 绘制了不同生产时间点和应力敏感性所对应的水平井内壁的压力降落剖面，$t_D = 10^3$，10^5，10^7，10^9。图 7 – 35（a）和图 7 – 35（b）表现为不同应力敏感弹性参数下的水平井压力降落剖面完全重合，这说明无量纲生产时间较短时（$t_D = 10^3$ 和 10^5），应力敏感性的影响很微弱，可以忽略不计。压降剖面趋近于水平直线，只有水平井筒根部和趾部的压降略低于水平井筒其余位置。因此，当水平井筒内壁各处的流量相同时，井筒两端所需的压降更少。图 7 – 35（c）说明当无量纲生产时间增加到 10^7 时，相同位置处的压降随着应力敏感弹性参数的增加而增加。同时，压降剖面关于井筒中间位置 $x_D = 0$ 对称，呈弓形，并且离中间位置越远，压降越低。图 7 – 35（d）为 $t_D = 10^9$ 时水平井在不同应力敏感弹性参

数下的压降剖面，可看出压降剖面仍呈弓形。受坐标比例尺影响，当应力敏感性较弱时，弓形形状不突出，弓形的幅度与应力敏感弹性参数正相关。与图7-35(c)对比，可以看出当应力敏感弹性参数增加时，相同井筒位置处的压力降落越大。总体而言，应力敏感性对压降剖面的影响随生产时间的延长和应力敏感弹性参数的增加而增强。

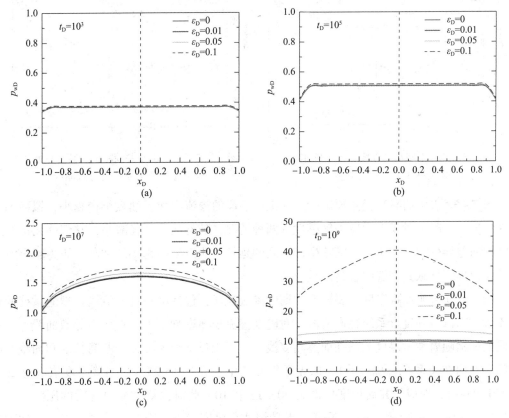

图7-35　不同生产时间点水平井筒内壁压力分布图（$t_D = 10^3$，10^5，10^7，10^9）

4. 水平井不稳定压力变化规律

水平井的不稳定渗流规律受诸多因素影响，包括储层和水平井两个方面，例如裂缝储容比、窜流能力、油藏半径、油藏厚度、井筒长度、井筒垂向位置、表皮因子和存储系数等。关于裂缝储容比、窜流能力和表皮因子等对水平井不稳定渗流的影响研究较多，这里重点讨论其余参数的影响。图7-36～图7-39分别为不同井筒长度、井筒垂向位置、油藏半径和油藏厚度下的水平井无量纲井壁压力和压力导数曲线，实线为无量纲井壁压力，虚线为无量纲压力导数。总体来看，应力敏感性对渗流的影响均主要集中在晚期拟稳态生产阶段。

图7-36表明井筒长度主要影响中期的渗流规律，随着井筒长度的增加，窜流段的凹槽逐渐加深。当无量纲井筒长度依次为8、16和32时，复合径向流段压力导数的值依次为1/32、1/64和1/128。注意无量纲井筒长度对不稳定渗流的影响不会延伸到晚期拟稳态生产阶段。

图7-37表明井筒垂向位置只影响中期的渗流规律，尤其是复合径向流段的出现与否和持续时间。随着水平井筒的垂向位置变高，复合径向流段开始出现，并且特征越来越显著。

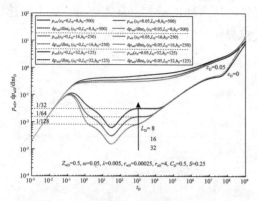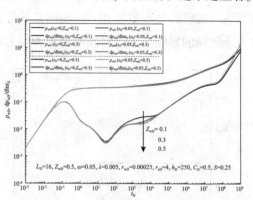

图7-36　不同水平井筒长度下的水平
井无量纲压力及压力导数曲线

图7-37　不同水平井筒垂向位置下的水平
井无量纲压力及压力导数曲线

图7-38表明油藏半径主要影响晚期拟稳态段的渗流规律，油藏半径越小，拟稳态段出现越早。同时，对于有无应力敏感性的两种情况，随着油藏半径减小，它们的无量纲压力之间的差异变大。这是由于随着生产时间的延长，泄流半径越小的油藏，压力越早波及到油藏边界，导致其裂缝闭合越严重。

图7-39表明油藏厚度主要影响中期的渗流规律，包括第一过渡流段、裂缝系统的径向流段、窜流段和复合系统径向流段，对晚期渗流规律影响不大。在压力导数曲线上，窜流段的凹槽随着油藏厚度的增加而逐渐变浅。由于无量纲油藏半径、井筒长度和油藏厚度之间存在内在关系：$r_{wD}L_D h_D=1$，取无量纲井筒半径为0.00025，当油藏厚度依次取200、250和400时，对应的井筒长度依次为20、16和10。此时，复合径向流段的压力导数的值依次为1/80、1/64和1/40。同样，无量纲油藏厚度对不稳定渗流的影响不会延伸到晚期拟稳态生产阶段。

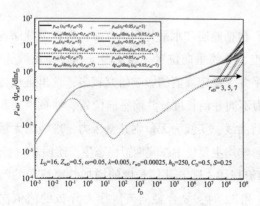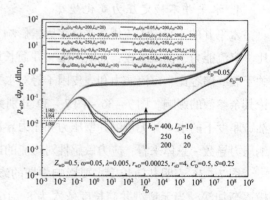

图7-38　不同油藏半径下的水平井
无量纲压力及压力导数曲线

图7-39　不同油藏厚度下的水平井
无量纲压力及压力导数曲线

7.4.4　裂缝孔隙型储层应力敏感性对水平井渗流的影响

图 7-40 绘制了不同应力敏感弹性参数下水平井的无量纲压力和压力导数曲线。对比图 7-32 和图 7-40，可以看出应力敏感性主要影响水平井渗流的晚期，包括拟径向流段和拟稳态流段，尤其是拟稳态流段。应力敏感弹性参数越大，晚期的压降越大，对应的压力导数也越大。其原因是：应力敏感弹性参数越大，储层应力敏感性越强，在地层压力下降时，裂缝发生闭合导致的裂缝渗透率受损越严重；裂缝渗透率下降，为了维持相同的油井产量，导致需要消耗

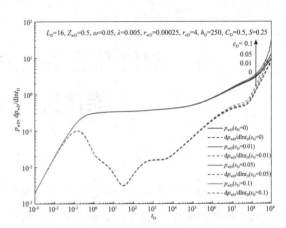

图 7-40　不同应力敏感弹性系数下的水平井
无量纲压力及压力导数曲线

更多的地层能量。二者相互作用，加剧应力敏感性对水平井晚期渗流的影响。

下面以 NT 油田 KT-Ⅰ层的 H519 井为例，探讨杨氏模量和泊松比这两个关键岩石力学性质参数对水平井不稳定渗流的影响。图 7-41 和图 7-42 分别为不同杨氏模量和泊松比下 H519 井的无量纲压力和压力导数曲线。图 7-41 表明对于 H519 井，当杨氏模量由 1.0×10^{10} Pa 增加到 7.0×10^{10} Pa 时，早期和中期的无量纲压力和压力导数均各自完全重合，只有在晚期有轻微差异。这种差异从晚期曲线的局部放大图上才能看清楚，杨氏模量越大，晚期的压力降落越小。同样，由图 7-42 可看出当泊松比由 0.15 增加到 0.45 时，H519 井的无量纲压力和压力导数只有在晚期有轻微差异，泊松比越大，晚期的压力降落越小。因此，杨氏模量和泊松比均与晚期的压力降落呈反相关关系。

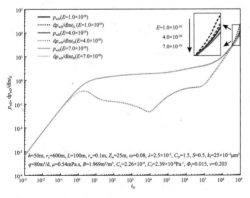

图 7-41　杨氏模量对 NT 油田 H519 井
不稳态渗流的影响

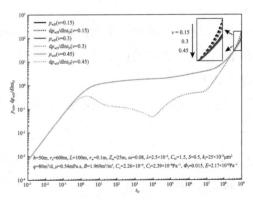

图 7-42　泊松比对 NT 油田 H519 井
不稳态渗流的影响

8 裂缝孔隙型碳酸盐岩油藏油井
产能评价模型及应用

裂缝孔隙型碳酸盐岩油藏在低压力保持水平下出现应力敏感性和油气水多相流动，给油井的产能预测和生产制度制定带来挑战。根据第7章的认识，应力敏感性主要影响油井拟稳态阶段的生产。NT油田的边底水能量补给弱，油井会长时间在拟稳态阶段生产。因此，综合考虑应力敏感性、地层压力保持水平、裂缝闭合和多相流等因素，建立油井拟稳态产能方程，对预测油井产能和优化生产制度具有重要意义。本章针对直井和水平井两种井型，分别推导出综合考虑各种因素的实用型拟稳态产能方程，并分析不同因素对流入动态特征的影响。

8.1 裂缝孔隙型储层的等效处理方法

为了方便研究，渗流力学中常采用等效方法来处理裂缝孔隙型油藏，主要有两种方法：一种是等效为单一介质模型，另一种是等效为双孔单渗模型。本文主要采用第二种处理方法。

对于双孔单渗模型，应在保证其与双重介质模型储量相同的前提下，综合考虑基质和裂缝影响，把基质系统的渗透率等效到裂缝系统中去，确定出等效渗透率，其具体的处理办法是如下。

如果裂缝渗透率为 $k_f = (\phi_f b^2)/12$ ，则基质和裂缝共同流动时的等效渗透率为：

$$\bar{k} = k_m + k_f \tag{8-1}$$

式中，k_m、k_f 分别为基质系统和裂缝系统的绝对渗透率，m^2；ϕ_f 为裂缝孔隙度，小数；b 为裂缝宽度，m。

8.2 直井产能评价模型及流入动态特征

当地层压力下降不严重时，储层裂缝尚未发生闭合；当地层压力下降严重时，储层中靠近井筒周围的裂缝发生闭合。这里考虑裂缝不闭合和裂缝闭合两种情况分别建立模型，推导直井的拟稳态产能方程。对于裂缝不闭合模型，油藏范围内使用统一的应力敏感性表达式；对于裂缝闭合模型，采用复合油藏概念，分区使用不同的应力敏感性表达式。特别说明，在后续所有拟稳态产能方程的推导过程中，所有参数统一采用国际单位制，但在分析油井产能特征时，所有参数统一采用 SI 单位制来计算绘制流入动态曲线，同油田现场的常用单位保持一致。

8.2.1 裂缝不闭合直井模型

1. 模型假设条件和产能评价方程推导

将裂缝孔隙型油藏等效为双孔单渗油藏，模型假设条件如下：

（1）泄流区域为圆形，外边界封闭，油藏半径为 r_e，厚度为 h。

（2）油藏初始压力为 p_0，泡点压力为 p_b，生产过程中油藏平均压力为 $\bar{p}_r$，油藏可能为饱和油藏或未饱和油藏。

（3）油藏初始等效渗透率为 k_{a0}，应力敏感系数为 α_k。

（4）原油黏度为 μ，原油体积系数为 B。

（5）直井完全贯穿储层，井筒半径为 r_w，井底流动压力为 p_{wf}。

考虑储层应力敏感性的情况下，储层等效渗透率的常见表达式为：

$$k = k_{a0}\exp[-\alpha_K(p_0 - p)] \qquad (8-2)$$

对于饱和油藏和未饱和油藏，井底附近储层可能出现单相油流、油气两相流或油气水三相流，需分别讨论。

1）未饱和油藏

未饱和油藏的初始油藏压力大于泡点压力。当 $p_{wf} \geqslant p_b$ 时，油藏中为单相流动；当 $p_{wf} < p_b$ 时，井底附近出现油气两相流动。

（1）单相油流。

对于封闭油藏，当压力扰动波及到油藏边界时，储层中将出现拟稳态渗流。此时，油井的全部产量来自地层压力下降所引起的流体和岩石膨胀。

设油井投产时间 t 后油藏的平均地层压力为 $\bar{p}_r$。根据综合压缩系数 C_t 的物理意义，在泄流范围内，依靠弹性能排出的原油总体积为：

$$V = C_t V_f (p_0 - \bar{p}_r) = C_t \big[\pi (r_e^2 - r_w^2) h \big] (p_0 - \bar{p}_r) \qquad (8-3)$$

进一步可推导出油井的产量为：

$$QB = \frac{\mathrm{d}V}{\mathrm{d}t} = - C_t \pi (r_e^2 - r_w^2) h \frac{\mathrm{d}\bar{p}_r}{\mathrm{d}t} \qquad (8-4)$$

通过油藏任意半径所在圆柱型断面的流量为：

$$q_r = - C_t \pi (r_e^2 - r^2) h \frac{\mathrm{d}\bar{p}_r}{\mathrm{d}t} \qquad (8-5)$$

联立式（8-4）和式（8-5）可以得到：

$$\frac{q_r}{QB} = \frac{r_e^2 - r^2}{r_e^2 - r_w^2} \qquad (8-6)$$

由于 $r_w^2 \ll r_e^2$，则 $r_e^2 - r_w^2 \approx r_e^2$，上式可以简化为：

$$q_r = \left(1 - \frac{r^2}{r_e^2}\right) QB \qquad (8-7)$$

圆形油藏中任意断面 r 处的流体渗流速度等于：

$$v_r = \frac{q_r}{2\pi r h} = \frac{QB}{2\pi r_e h} \left(\frac{r_e}{r} - \frac{r}{r_e}\right) \qquad (8-8)$$

考虑应力敏感性，可写出达西定律形式的渗流速度表达式，同时结合式（8-8），有：

$$v_r = \frac{k_{a0} \exp[-\alpha_K (p_0 - p)]}{\mu} \frac{\mathrm{d}p}{\mathrm{d}r} = \frac{QB}{2\pi r_e h} \left(\frac{r_e}{r} - \frac{r}{r_e}\right) \qquad (8-9)$$

对式（8-9）分离变量积分并考虑井筒内边界条件，可得到地层压力分布规律：

$$p(r) = p_{wf} + \frac{1}{\alpha_K} \ln\left[1 + \frac{\alpha_K \mu BQ}{2\pi k_{a0} e^{-\alpha_K(p_0 - p_{wf})} h} \left(\ln\frac{r}{r_w} - \frac{r^2 - r_w^2}{2 r_e^2}\right)\right] \qquad (8-10)$$

由于 $r_w^2 \ll r_e^2$，上式可简化成：

$$p(r) = p_{wf} + \frac{1}{\alpha_K} \ln\left[1 + \frac{\alpha_K \mu BQ}{2\pi k_{a0} e^{-\alpha_K(p_0 - p_{wf})} h} \left(\ln\frac{r}{r_w} - \frac{r^2}{2 r_e^2}\right)\right] \qquad (8-11)$$

对式（8-9）分离变量积分并考虑外边界条件，假定外边界处的压力为 p_e，可得到地层压力分布的另一种表达形式：

$$p(r) = p_e + \frac{1}{\alpha_K} \ln\left[1 - \frac{\alpha_K \mu BQ}{2\pi k_{a0} e^{-\alpha_K(p_0 - p_e)} h} \left(\ln\frac{r_e}{r} - \frac{r_e^2 - r^2}{2 r_e^2}\right)\right] \qquad (8-12)$$

定义下面的拟压力函数：

$$U(r) = \frac{1}{\alpha_K} \exp[-\alpha_K (p_0 - p)] \qquad (8-13)$$

结合式（8-12）和式（8-13），可以得到：

$$U(r) = U(r_e) - \frac{\mu BQ}{2\pi k_{a0} h} \left(\ln\frac{r_e}{r} + \frac{r^2}{2 r_e^2} - \frac{1}{2}\right) \qquad (8-14)$$

进而泄流范围内的平均地层拟压力函数 $\bar{U}(r)$ 可写为：

$$\bar{U}(r) = \frac{\int_{r_w}^{r_e} U(r) \cdot 2\pi r dr}{\pi(r_e^2 - r_w^2)} = U(r_e) - \frac{\mu BQ}{2\pi k_{a0}h}\left(\frac{r_e^2 + r_w^2}{4r_e^2} - \frac{r_w^2}{r_e^2 - r_w^2}\ln\frac{r_e}{r_w}\right) \approx U(r_e) - \frac{\mu BQ}{8\pi k_{a0}h}$$

$$(8-15)$$

若 $\bar{U}(r)$ 对应的地层压力为 $\bar{p}_R$，由拟压力函数定义式和式（8-15）可得到：

$$\bar{p}_R = p_0 + \frac{1}{\alpha_K}\ln\left\{\exp[-\alpha_K(p_0 - p_e)] - \frac{\alpha_K \mu BQ}{8\pi k_{a0}h}\right\} \qquad (8-16)$$

利用式（8-11）表示边界压力 p_e，有：

$$p_e = p_{wf} + \frac{1}{\alpha_K}\ln\left[1 + \frac{\alpha_K \mu BQ}{2\pi k_{a0}e^{-\alpha_K(p_0 - p_{wf})}h}\left(\ln\frac{r_e}{r_w} - \frac{1}{2}\right)\right] \qquad (8-17)$$

将式（8-17）代入式（8-16）可以得到：

$$\bar{p}_R = p_0 + \frac{1}{\alpha_K}\ln\left[e^{-\alpha_K(p_0 - p_{wf})} + \frac{\alpha_K \mu BQ}{2\pi k_{a0}h}\left(\ln\frac{r_e}{r_w} - \frac{3}{4}\right)\right] \qquad (8-18)$$

式（8-18）易转化成产能方程的形式：

$$Q = \frac{2\pi k_{a0}h}{\mu B\left(\ln\dfrac{r_e}{r_w} - \dfrac{3}{4}\right)}\frac{e^{-\alpha_K(p_0 - \bar{p}_R)} - e^{-\alpha_K(p_0 - p_{wf})}}{\alpha_K} \qquad (8-19)$$

式（8-19）即为考虑应力敏感性但裂缝不闭合时的油井拟稳态产能方程。该方程在应力敏感系数 α_k 趋近于 0 时即可退化成下面常见的拟稳态产能方程：

$$Q = \frac{2\pi k_{a0}h(\bar{p}_R - p_{wf})}{\mu B\left(\ln\dfrac{r_e}{r_w} - \dfrac{3}{4}\right)} \qquad (8-20)$$

生产初期，油藏压力变化不大，有：$p_0 = \bar{p}_R$，此时产能方程（8-19）可简化为：

$$Q = \frac{2\pi k_{a0}h}{\mu B\left(\ln\dfrac{r_e}{r_w} - \dfrac{3}{4}\right)}\frac{1 - e^{-\alpha_K(p_0 - p_{wf})}}{\alpha_K} \qquad (8-21)$$

式（8-21）与王玉英等推导出的具有应力敏感性的拟稳态产能方程相同。但当生产时间较长时，油藏平均压力已发生较大变化，使用式（8-19）来计算产能更准确。因此，式（8-19）既能考虑应力敏感性，又能考虑地层压力的变化，适用范围更广。特别是，对于 NT 油田在低地层压力保持水平下开发时，使用式（8-19）计算油井产能会更准确。其对应的采油指数方程为：

$$J = \frac{Q}{\bar{p}_R - p_{wf}} = \frac{2\pi k_{a0}h}{\mu B\left(\ln\dfrac{r_e}{r_w} - \dfrac{3}{4}\right)(\bar{p}_R - p_{wf})}\frac{e^{-\alpha_K(p_0 - \bar{p}_R)} - e^{-\alpha_K(p_0 - p_{wf})}}{\alpha_K} \qquad (8-22)$$

（2）油气两相流。

当 $p_{wf} < p_b$ 后，井底附近开始脱气，油层中出现油气两相流动。此时，流入动态曲线形状将发生变化。在确定纯油相产能方程的情况下，可利用 Vogel 提出的溶解气驱油藏流入动态方程，推导发生油气两相流动时的油井拟稳态产能方程。

Vogel 利用 21 个油田的实际数据进行油藏数值模拟，回归得到经典的 Vogel 产能方程：

$$\frac{Q}{Q_{max}} = 1 - 0.2\left(\frac{p_{wf}}{p_r}\right) - 0.8\left(\frac{p_{wf}}{p_r}\right)^2 \tag{8-23}$$

对于未饱和油藏的情况，只需要在经典的 Vogel 方程中，用 p_b 和 $Q_{omax} - Q_b$ 分别代替 p_r 和 Q_{max}，同时注意泡点压力处的压力导数相等，进而可得到井底发生油气两相流时的油井拟稳态产能方程。

井底压力为泡点压力和 0 时的油井产能分别为：

$$Q_b = \frac{2\pi k_{a0}h}{\mu B\left(\ln\frac{r_e}{r_w} - \frac{3}{4}\right)}\frac{e^{-\alpha_K(p_0-\bar{p}_R)} - e^{-\alpha_K(p_0-p_b)}}{\alpha_K} \tag{8-24}$$

$$Q_{omax} = \frac{2\pi k_{a0}h}{\mu B\left(\ln\frac{r_e}{r_w} - \frac{3}{4}\right)}\frac{e^{-\alpha_K(p_0-\bar{p}_R)} - e^{-\alpha_K p_0}}{\alpha_K} \tag{8-25}$$

按照前面的要求，将式（8-24）和式（8-25）代入式（8-23），有：

$$Q = \frac{2\pi k_{a0}h}{\mu B\left(\ln\frac{r_e}{r_w} - \frac{3}{4}\right)}\frac{e^{-\alpha_K(p_0-\bar{p}_R)} - e^{-\alpha_K(p_0-p_{wf})}}{\alpha_K(\bar{p}_R - p_{wf})}\left\{(\bar{p}_R - p_b) + \frac{p_b}{1.8}\left[1 - 0.2\frac{p_{wf}}{p_b} - 0.8\left(\frac{p_{wf}}{p_b}\right)^2\right]\right\}$$

$$\tag{8-26}$$

上式即为未饱和油藏考虑应力敏感性和地层压力水平，发生油气两相流动时的油井产能方程。此时，对应的采油指数方程为：

$$J = \frac{2\pi k_{a0}h}{\mu B\left(\ln\frac{r_e}{r_w} - \frac{3}{4}\right)}\frac{e^{-\alpha_K(p_0-\bar{p}_R)} - e^{-\alpha_K(p_0-p_{wf})}}{\alpha_K(\bar{p}_R - p_{wf})^2}\left\{(\bar{p}_R - p_b) + \frac{p_b}{1.8}\left[1 - 0.2\frac{p_{wf}}{p_b} - 0.8\left(\frac{p_{wf}}{p_b}\right)^2\right]\right\}$$

$$\tag{8-27}$$

（3）油气水三相流。

对于未饱和油藏，如果考虑油井产水，当 $p_{wf} > p_b$ 时，油井井底发生油水两相流动；当 $p_{wf} < p_b$ 时，油井井底发生油气水三相流动。此时，油井流入动态的预测十分复杂。Petrobras 提出一种计算直井油气水三相流入动态曲线的简便方法。该方法的实质是假设水在油层中的流动满足线性流动规律，不含水的油气两相渗流按照 Vogel 方程修正，按含水率取油相流入动态曲线和水相流入动态曲线的加权平均值求得综合流入动态方程。这里采用这种方法来推导考虑应力敏感性和地层压力水平，且发生油气水三相流动时的直井总产液

方程。

水相的产能方程为：当 $p_{wf} > p_b$ 和 $p_{wf} < p_b$ 时，油相的产能方程分别为：

$$Q_o = \frac{2\pi k_{a0} h}{\mu B \left(\ln \frac{r_e}{r_w} - \frac{3}{4} \right)} \frac{e^{-\alpha_K(p_0 - \bar{p}_R)} - e^{-\alpha_K(p_0 - p_{wf})}}{\alpha_K} \qquad (8-28)$$

$$Q_o = \frac{2\pi k_{a0} h}{\mu B \left(\ln \frac{r_e}{r_w} - \frac{3}{4} \right)} \frac{e^{-\alpha_K(p_0 - \bar{p}_R)} - e^{-\alpha_K(p_0 - p_{wf})}}{\alpha_K (\bar{p}_R - p_{wf})} \left\{ (\bar{p}_R - p_b) + \frac{p_b}{1.8} \left[1 - 0.2 \frac{p_{wf}}{p_b} 0.8 \left(\frac{p_{wf}}{p_b} \right)^2 \right] \right\}$$

$$(8-29)$$

按照产量加权平均，可得到当 $p_{wf} > p_b$ 和 $p_{wf} < p_b$ 时油井的总产液量方程分别为：

$$Q_t = (1 - f_w) Q_o + f_w Q_w = \frac{2\pi k_{a0} h}{\mu B \left(\ln \frac{r_e}{r_w} - \frac{3}{4} \right)} \frac{e^{-\alpha_K(p_0 - \bar{p}_R)} - e^{-\alpha_K(p_0 - p_{wf})}}{\alpha_K} \qquad (8-30)$$

$$Q_t = (1 - f_w) \frac{2\pi k_{a0} h}{\mu B \left(\ln \frac{r_e}{r_w} - \frac{3}{4} \right)} \frac{e^{-\alpha_K(p_0 - \bar{p}_R)} - e^{-\alpha_K(p_0 - p_{wf})}}{\alpha_K (\bar{p}_R - p_{wf})} \left\{ (\bar{p}_R - p_b) + \frac{p_b}{1.8} \left[1 - 0.2 \frac{p_{wf}}{p_b} - 0.8 \left(\frac{p_{wf}}{p_b} \right)^2 \right] \right\} +$$

$$f_w \frac{2\pi k_{a0} h}{\mu B \left(\ln \frac{r_e}{r_w} - \frac{3}{4} \right)} \frac{e^{-\alpha_K(p_0 - \bar{p}_R)} - e^{-\alpha_K(p_0 - p_{wf})}}{\alpha_K}$$

$$(8-31)$$

式（8-31）和式（8-32）即为未饱和油藏考虑应力敏感性和地层压力水平，且发生油气水三相流动时的油井总产液方程。此时对应的产液指数方程分别为：

$$J = \frac{2\pi k_{a0} h}{\mu B \left(\ln \frac{r_e}{r_w} - \frac{3}{4} \right)} \frac{e^{-\alpha_K(p_0 - \bar{p}_R)} - e^{-\alpha_K(p_0 - p_{wf})}}{\alpha_K (\bar{p}_r - p_{wf})} \qquad (8-32)$$

$$J = (1 - f_w) \frac{2\pi k_{a0} h}{\mu B \left(\ln \frac{r_e}{r_w} - \frac{3}{4} \right)} \frac{e^{-\alpha_K(p_0 - \bar{p}_R)} - e^{-\alpha_K(p_0 - p_{wf})}}{\alpha_K (\bar{p}_R - p_{wf})^2} \left\{ (\bar{p}_R - p_b) + \frac{p_b}{1.8} \left[1 - 0.2 \frac{p_{wf}}{p_b} - 0.8 \left(\frac{p_{wf}}{p_b} \right)^2 \right] \right\} +$$

$$f_w \frac{2\pi k_{a0} h}{\mu B \left(\ln \frac{r_e}{r_w} - \frac{3}{4} \right)} \frac{e^{-\alpha_K(p_0 - \bar{p}_R)} - e^{-\alpha_K(p_0 - p_{wf})}}{\alpha_K (\bar{p}_R - p_{wf})}$$

$$(8-33)$$

2）饱和油藏

饱和油藏的初始压力小于泡点压力，油井一开井生产后，井筒附近地层就开始脱气，出现油气两相流动。若考虑油井产水，还可能出现油气水三相流动。

（1）油气两相流。

此时，溶解气驱为油藏的主要驱油方式，仍然可利用 Vogel 方程来确定该饱和油藏的产能方程，但注意当 $p_{wf}=p_b$ 时，油井产量为 $Q_b=0$，而不是 $Q_b=J(\bar{p}_R-p_b)$。

在式（8-26）中用 $\bar{p}_r$ 代替 p_b，可得到考虑饱和油藏应力敏感性和地层压力水平，发生油气两相流动时的油井产能方程：

$$Q = \frac{2\pi k_{a0}h}{\mu B\left(\ln\dfrac{r_e}{r_w}-\dfrac{3}{4}\right)}\frac{e^{-\alpha_K(p_0-\bar{p}_R)}-e^{-\alpha_K(p_0-p_{wf})}}{\alpha_K(\bar{p}_R-p_{wf})}\frac{\bar{p}_R}{1.8}\left[1-0.2\frac{p_{wf}}{\bar{p}_R}-0.8\left(\frac{p_{wf}}{\bar{p}_R}\right)^2\right] \quad (8-34)$$

此时，对应的采油指数方程为：

$$J = \frac{2\pi k_{a0}h}{\mu B\left(\ln\dfrac{r_e}{r_w}-\dfrac{3}{4}\right)}\frac{e^{-\alpha_K(p_0-\bar{p}_R)}-e^{-\alpha_K(p_0-p_{wf})}}{\alpha_K(\bar{p}_R-p_{wf})^2}\frac{\bar{p}_b}{1.8}\left[1-0.2\frac{p_{wf}}{\bar{p}_R}-0.8\left(\frac{p_{wf}}{\bar{p}_R}\right)^2\right] \quad (8-35)$$

（2）油气水三相流。

同样，当油井出现油气水三相流动时，采用 Petrobras 方法对油水两相的产量进行加权平均，可推导出饱和油藏考虑应力敏感性和地层压力水平，发生油气水三相流动时的油井总产液方程：

$$Q_t = (1-f_w)\frac{2\pi k_{a0}h}{\mu B\left(\ln\dfrac{r_e}{r_w}-\dfrac{3}{4}\right)}\frac{e^{-\alpha_K(p_0-\bar{p}_R)}-e^{-\alpha_K(p_0-p_{wf})}}{\alpha_K(\bar{p}_R-p_{wf})}\frac{p_b}{1.8}\left[1-0.2\frac{p_{wf}}{\bar{p}_R}-0.8\left(\frac{p_{wf}}{\bar{p}_R}\right)^2\right]+$$

$$f_w\frac{2\pi k_{a0}h}{\mu B\left(\ln\dfrac{r_e}{r_w}-\dfrac{3}{4}\right)}\frac{e^{-\alpha_K(p_0-\bar{p}_R)}-e^{-\alpha_K(p_0-p_{wf})}}{\alpha_K} \quad (8-36)$$

此时，对应的采液指数方程为：

$$J = (1-f_w)\frac{2\pi k_{a0}h}{\mu B\left(\ln\dfrac{r_e}{r_w}-\dfrac{3}{4}\right)}\frac{e^{-\alpha_K(p_0-\bar{p}_R)}-e^{-\alpha_K(p_0-p_{wf})}}{\alpha_K(\bar{p}_R-p_{wf})^2}\frac{p_b}{1.8}\left[1-0.2\frac{p_{wf}}{\bar{p}_R}-0.8\left(\frac{p_{wf}}{\bar{p}_R}\right)^2\right]+$$

$$f_w\frac{2\pi k_{a0}h}{\mu B\left(\ln\dfrac{r_e}{r_w}-\dfrac{3}{4}\right)}\frac{e^{-\alpha_K(p_0-\bar{p}_R)}-e^{-\alpha_K(p_0-p_{wf})}}{\alpha_K(\bar{p}_R-p_{wf})} \quad (8-37)$$

2. 裂缝不闭合时直井拟稳态产能对比

图8-1和图8-2分别为裂缝不闭合时不同条件下直井的产液动态曲线和产液指数曲线。从图中可以看出，从单相流到多相流，流入动态曲线向纵轴弯曲，油井产能整体降低。储层应力敏感性进一步导致油井的产液（油）量和采液（油）指数降低，加剧流入动态曲线和采液（油）指数曲线向纵轴弯曲的程度。考虑多相流入时，油井的产能变化特征更接近现场情况，即随着井底流压的降低，产油量先快速增加，后缓慢增加。考虑应力敏感性时，井底流压降低到一定程度后，产油量不增加反而减少，出现拐点，其对应于油井的最大产油能力。

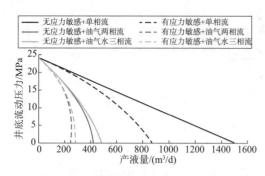

图 8-1　不同条件下直井的产液动态
预测结果对比（裂缝不闭合）

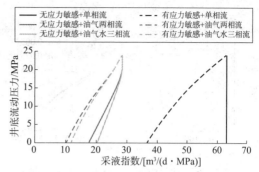

图 8-2　不同条件下直井的产液指数动态
预测结果对比（裂缝不闭合）

3. 流入动态特征和影响因素分析

1）地层压力保持水平

图 8-3 和图 8-4 分别为裂缝不闭合时直井在不同地层压力保持水平下的流入动态曲线和采油指数曲线。图 8-3 表明地层压力保持水平对直井流入动态影响显著，与产油能力正相关。随地层压力保持水平降低，相同井底流压下的直井产能明显降低，流入动态曲线整体向原点收缩，最大产油能力也逐渐减弱，图上表现为拐点向左下侧迁移。当地层压力保持水平为 40% 时，油井产能极低。图 8-4 表明地层压力保持水平降低，采油指数降低，采油指数曲线向纵轴弯曲并收缩靠拢。

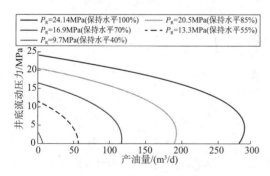

图 8-3　地层压力水平对直井流入
动态曲线的影响（裂缝不闭合）

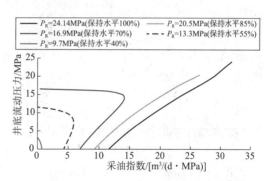

图 8-4　地层压力水平对直井采油
指数曲线的影响（裂缝不闭合）

2）储层应力敏感性

图 8-5 和图 8-6 分别为裂缝不闭合时直井在不同储层应力敏感性下的流入动态曲线和采油指数曲线。从图中可以看出，储层应力敏感性对直井的流入动态影响十分显著，与产油量和采油指数呈负相关关系。随着储层应力敏感性的增强，相同井底流压下的直井产能和采油指数明显降低，流入动态曲线和采油指数曲线均向纵轴弯曲靠拢。同样，油井产油量由一直增加变为先增加后减小，达到最大产油能力所需的井底压差减小，图中表现为拐点向左上侧迁移。此外，随着储层应力敏感性的增强，采油指数曲线形态由下凹变为上凸。

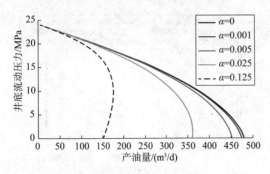
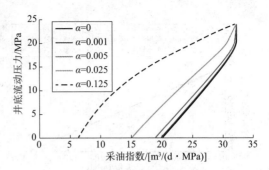

图 8-5　储层应力敏感性对直井流入
动态曲线的影响（裂缝不闭合）

图 8-6　储层应力敏感性对直井采油
指数曲线的影响（裂缝不闭合）

3）储层渗透率

图 8-7 和图 8-8 分别为裂缝不闭合时直井在不同储层渗透率下的流入动态曲线和采油指数曲线。从图中可以看出，储层渗透率对直井的流入动态影响十分显著，与产油量和采油指数呈正相关关系。随着储层渗透率的增加，相同井底流压下的直井产能和采油指数明显增加，流入动态曲线和采油指数曲线均逐渐背离纵轴，流入动态曲线的弯曲弧度增加，采油指数曲线的斜率降低。同时，随着储层渗透率的增加，达到最大产油能力所需的井底压差逐渐降低，但降低幅度较小，图上表现为拐点轻微向右上侧迁移。

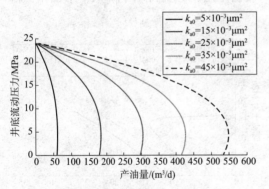
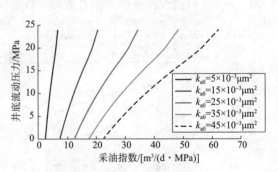

图 8-7　储层渗透率对直井流入动态
曲线的影响（裂缝不闭合）

图 8-8　储层渗透率对直井采油
指数曲线的影响（裂缝不闭合）

4）储层厚度

图 8-9 为裂缝不闭合时直井在不同储层厚度下的流入动态曲线。储层厚度对直井流入动态的影响规律与储层渗透率相同，即与产油能力正相关。同样，随着储层厚度的增加，相同井底流压下的直井产能明显增加，流入动态曲线逐渐背离纵轴，弯曲弧度增加，但达到最大产油能力所需的井底压差变化不大。储层厚度对油井采油指数曲线的影响不再赘述，与储层渗透率的影响规律相同。

5）油藏半径

图 8-10 和图 8-11 分别为裂缝不闭合时直井在不同油藏半径下的流入动态曲线和采油指数曲线。图 8-10 和图 8-11 表明油藏半径对直井的流入动态影响较弱，当生产压差较大时，油藏半径与产油量和采油指数呈较弱的正相关关系。随着油藏半径的增加，相同井底流压下的直井产能和采油指数稍微增加，流入动态曲线和采油指数曲线背离纵轴，达到最大产油能力所需的井底压差变化不大。

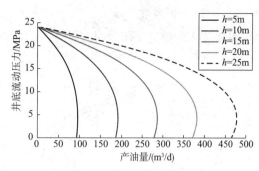

图 8-9　储层厚度对直井流入动态曲线的影响（裂缝不闭合）

6）原油黏度

图 8-12 和图 8-13 分别为裂缝不闭合时直井在不同原油黏度下的流入动态曲线和采油指数曲线。从图中可以看出，原油黏度对直井流入动态的影响显著，与产油能力负相关。随着原油黏度的增加，相同井底流压下的直井产能和采油指数明显降低，流入动态曲线和采油指数曲线均逐渐向纵轴靠拢，采油指数曲线的斜率增加，达到最大产油能力所需的井底压差变化不大。

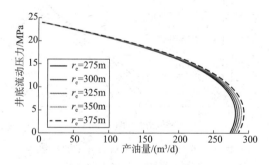

图 8-10　油藏半径对直井流入动态曲线的影响（裂缝不闭合）

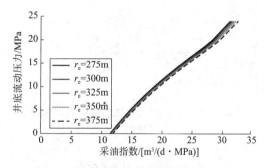

图 8-11　油藏半径对直井采油指数曲线的影响（裂缝不闭合）

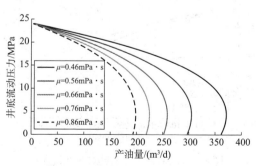

图 8-12　原油黏度对直井流入动态曲线的影响（裂缝不闭合）

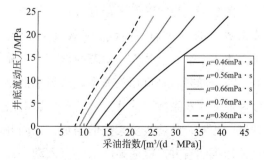

图 8-13　原油黏度对直井采油指数曲线的影响（裂缝不闭合）

7）原油体积系数

图 8 - 14 为裂缝不闭合时直井在不同原油体积系数下的流入动态曲线。原油体积系数

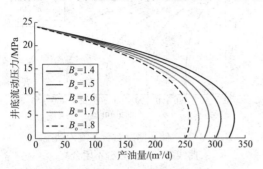

图 8 - 14 原油体积系数对直井流入
动态曲线的影响（裂缝不闭合）

对直井流入动态的影响规律与原油黏度的影响相同，即与产油能力负相关。随着原油体积系数的增加，相同井底流压下的直井产能明显降低，流入动态曲线逐渐向纵轴靠拢，达到最大产油能力所需的井底压差变化不大。原油体积系数对油井采油指数曲线的影响这里不再赘述，与原油黏度的影响规律相同。

8）油井含水率

图 8 - 15 和图 8 - 16 分别为裂缝不闭合

时直井在不同含水率下的产液动态曲线和采液指数曲线。从图中可以看出，当生产压差较小时，油井含水率对直井的产液动态影响不大；当生产压差较大时，油井含水率对直井的产液动态影响十分显著。随着油井含水率的增加，产液动态曲线和采液指数曲线均逐渐远离纵轴，产液动态曲线的弯曲度降低，采液指数曲线的斜率增加。此时，达到最大产液能力所需的井底压差增加，图中表现为拐点向右下侧迁移。

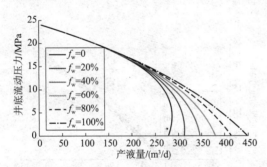

图 8 - 15 油井含水率对直井产液动态
曲线的影响（裂缝不闭合）

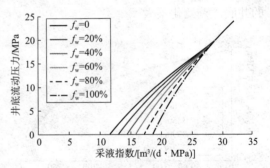

图 8 - 16 油井含水率对直井采液指数
曲线的影响（裂缝不闭合）

9）油井表皮系数

图 8 - 17 为裂缝不闭合时直井在不同表皮系数下的流入动态曲线。从图中可以看出，表皮系数对直井流入动态的影响十分显著，与产油能力呈负相关关系。这与原油黏度和原油体积系数对油井流入动态的影响规律基本相同。随着表皮系数的增加，相同井底流压下的直井产能明显降低，流入动态曲线逐渐向纵轴靠拢，弯曲度降低，达到最大

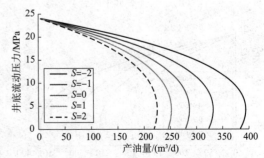

图 8 - 17 油井表皮系数对直井流入
动态曲线的影响（裂缝不闭合）

产油能力所需的井底压差逐渐增加，但增加幅度不大，图中表现为拐点稍微向左下侧迁移。表皮系数对油井采油指数曲线的影响这里不再赘述，与原油黏度和原油体积系数的影响基本相同。

8.2.2 裂缝闭合直井模型

1. 模型假设条件和产能评价方程推导

裂缝系统的应力敏感程度比基质系统高，在地层压力下降过程中，如果压力下降过大，会导致裂缝发生闭合。由于井筒附近压力地层压力下降幅度最大，因此井筒附近的裂缝最先发生闭合，使井筒附近的储层具有单一介质的性质。对于裂缝孔隙型油藏，可建立如图 8 – 18 所示的分区渗流模型。

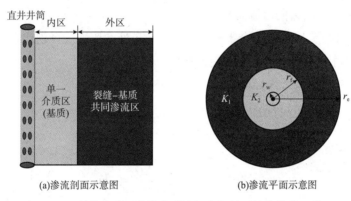

(a)渗流剖面示意图　　　　　　(b)渗流平面示意图

图 8 – 18　裂缝孔隙型油藏在裂缝闭合条件下的直井分区模型

其中，远离井筒地区为裂缝和基质共同渗流区域，在向井筒流动过程中，应力敏感对地层的影响越来越严重，在某个半径范围内，裂缝发生闭合，井筒附近只有基质部分的流动。本节利用分区模型来推导裂缝闭合条件下裂缝孔隙型储层中直井的拟稳态产能方程。

假设 r_f 范围内是基质渗流区，而 r_f 范围外为裂缝和基质共同渗流区，内外区的渗透率和孔隙空间不同，且差异较大。

将裂缝孔隙型油藏等效为双孔单渗油藏，分区模型假设条件如下：

（1）泄流区域为圆形，外边界封闭，油藏半径为 r_e，厚度为 h。

（2）基质系统的渗透率为 k_m 和裂缝系统的渗透率为 k_f。

（3）分区模型将储层划分为两个圆环区域，内区为裂缝闭合区，外区为裂缝不闭合区，裂缝闭合半径为 r_f，闭合半径处的压力为 p_f。

（4）内区为基质系统的渗流区，其初始等效渗透率为 $k_{20}(k_{20}=k_m)$，应力敏感系数为 α_2；外区为基质和裂缝系统的共同渗流区，其初始等效渗透率为 $k_{10}(k_{10}=k_f+k_m)$，应力敏感系数为 α_1。

（5）油藏初始压力为 p_0，泡点压力为 p_b，生产过程中油藏平均压力为 $\bar{p}_r$，油藏可能为饱和油藏或未饱和油藏。

（6）原油黏度为 μ，原油体积系数为 B。

（7）直井完全贯穿储层，井筒半径为 r_w，井底流动压力为 p_{wf}。

考虑储层应力敏感性的情况下，外区和内区的渗透率表达式分别为：

$$k_1 = k_{10}e^{-\alpha_1(p_0-p)} \tag{8-38}$$

$$k_2 = k_{20}e^{-\alpha_2(p_0-p)} = k_{20}e^{-\alpha_2(p_0-p_w)}e^{-\alpha_2(p_w-p)} \tag{8-39}$$

同样，饱和油藏和未饱和油藏需要分别讨论。

1）未饱和油藏

$p_{wf} \geqslant p_b$ 时，油藏中为单相流动；$p_{wf} < p_b$ 时，井筒附近出现油气两相流动。

（1）单相流。

① 外区（裂缝基质共同渗流区）。

结合式（8-19），以裂缝闭合半径 r_f 和闭合半径处的压力 p_f 分别代替井筒半径 r_w 和井底流动压力 p_{wf}，可直接写出外区的拟稳态产能方程：

$$Q = \frac{2\pi k_{10}h}{\mu B\left(\ln\dfrac{r_e}{r_f} - \dfrac{3}{4}\right)} \frac{e^{-\alpha_1(p_0-\bar{p}_R)} - e^{-\alpha_1(p_0-p_f)}}{\alpha_1} \tag{8-40}$$

上式可以转化成下面的形式：

$$\bar{p}_R - p_f = -\frac{1}{\alpha_1}\ln\left[1 - \frac{\alpha_1 \mu BQ}{2\pi k_{10}he^{-\alpha_1(p_0-\bar{p}_R)}}\left(\ln\frac{r_e}{r_f} - \frac{3}{4}\right)\right] \tag{8-41}$$

② 内区（基质渗流区）。

内区的渗流规律与前文未饱和油藏纯油相流动时的渗流规律类似。借用其拟稳态产能方程的推导过程，可将内区看作泄流半径为闭合半径 r_f，边界压力为 p_f 的封闭油藏。此时，达西渗流速度的表达式（8-9）改写为：

$$v_r = \frac{k_{20}\exp[-\alpha_2(p_0-p)]}{\mu}\frac{dp}{dr} = \frac{QB}{2\pi r_f h}\left(\frac{r_f}{r} - \frac{r}{r_f}\right) \tag{8-42}$$

对式（8-42）分离变量积分并考虑井筒内边界条件，可得到地层压力分布规律：

$$p(r) = p_{wf} + \frac{1}{\alpha_2}\ln\left[1 + \frac{\alpha_2\mu BQ}{2\pi k_{20}e^{-\alpha_2(p_0-p_{wf})}h}\left(\ln\frac{r}{r_w} - \frac{r^2-r_w^2}{2r_f^2}\right)\right] \tag{8-43}$$

因为 $r_f^2 - r_w^2 \approx r_f^2$，上式可以简化为：

$$p(r) = p_{wf} + \frac{1}{\alpha_2}\ln\left[1 + \frac{\alpha_2 \mu BQ}{2\pi k_{20}e^{-\alpha_2(p_0-p_{wf})}h}\left(\ln\frac{r}{r_w} - \frac{r^2}{2r_f^2}\right)\right] \tag{8-44}$$

在 $r = r_f$ 处的地层压力为 p_f，代入上式中，有：

$$p_f = p_{wf} + \frac{1}{\alpha_2}\ln\left[1 + \frac{\alpha_2 \mu BQ}{2\pi k_{20}e^{-\alpha_2(p_0-p_{wf})}h}\left(\ln\frac{r_f}{r_w} - \frac{1}{2}\right)\right] \tag{8-45}$$

将式（8-45）代入式（8-41）中，消去 p_f，可以得到未饱和油藏考虑裂缝闭合和应力敏感性时的直井拟稳态产能方程：

$$\bar{p}_R - p_{wf} = -\frac{1}{\alpha_1}\ln\left[1 - \frac{\alpha_1 \mu BQ}{2\pi k_{10}he^{-\alpha_1(p_0-\bar{p}_R)}}\left(\ln\frac{r_e}{r_f} - \frac{3}{4}\right)\right] +$$

$$\frac{1}{\alpha_2}\ln\left[1 + \frac{\alpha_2 \mu BQ}{2\pi k_{20}e^{-\alpha_2(p_0-p_{wf})}h}\left(\ln\frac{r_f}{r_w} - \frac{1}{2}\right)\right] \tag{8-46}$$

式（8-46）为产量 Q 关于井底压力 p_{wf} 的隐函数，不能直接得到产量的解析形式，并且产能方程具有强非线性，可以采用 Newton 迭代法编程计算求解。

由式（8-40）和式（8-46）联立消去产量 Q，可得闭合半径与井底压力的关系：

$$r_f = \exp\left\{\frac{k_{20}\alpha_1\left[e^{-\alpha_2(p_0-p_f)} - e^{-\alpha_2(p_0-p_{wf})}\right]\left(\ln r_e - \frac{3}{4}\right) + k_{10}\alpha_2\left[e^{-\alpha_1(p_0-\bar{p}_R)} - e^{-\alpha_1(p_0-p_f)}\right]\left(\ln r_w - \frac{1}{2}\right)}{k_{10}\alpha_2\left[e^{-\alpha_1(p_0-\bar{p}_R)} - e^{-\alpha_1(p_0-p_f)}\right] + k_{20}\alpha_1\left[e^{-\alpha_2(p_0-p_f)} - e^{-\alpha_2(p_0-p_{wf})}\right]}\right\} \tag{8-47}$$

若 $\alpha_1 = \alpha_2 = \alpha_K$，初始渗透率 $k_{10} = k_{20} = k_{a0}$，$r_f = r_w$ 时，式（8-46）可退化成裂缝不闭合的情形：

$$Q = \frac{2\pi k_{a0}h}{\mu B\left(\ln\frac{r_e}{r_w} - \frac{3}{4} - \frac{1}{2}\right)}\frac{e^{-\alpha_k(p_0-\bar{p}_R)} - e^{-\alpha_k(p_0-p_{wf})}}{\alpha_k} \tag{8-48}$$

考虑到 $r_w \ll r_e$，有 $\left(\ln\frac{r_e}{r_w} - \frac{3}{4}\right) \approx \left(\ln\frac{r_e}{r_w} - \frac{3}{4} - \frac{1}{2}\right)$，因此上式与裂缝不闭合时的拟稳态产能式（8-19）接近。

生产初期，有 $p_0 = \bar{p}_R$，式（8-46）可简化为：

$$\bar{p}_R - p_{wf} = -\frac{1}{\alpha_1}\ln\left[1 - \frac{\alpha_1 \mu BQ}{2\pi k_{10}h}\left(\ln\frac{r_e}{r_f} - \frac{3}{4}\right)\right] + \frac{1}{\alpha_2}\ln\left[1 + \frac{\alpha_2 \mu BQ}{2\pi k_{20}e^{-\alpha_2(\bar{p}_R-p_{wf})}h}\left(\ln\frac{r_f}{r_w} - \frac{1}{2}\right)\right] \tag{8-49}$$

当生产一段时间后，油藏平均压力发生变化，使用式（8-46）来计算这种情形下的油井产能更准确。

（2）油气两相流。

当 $p_{wf} < p_b$ 后，井底附近开始脱气，油层中出现油气两相流动。同样，按照 Vogel 方程的形式，可以得到考虑裂缝闭合和地层压力水平，未饱和油藏中直井出现油气两相流动时的拟稳态产能方程：

$$\bar{p}_R - p_{wf} = -\frac{1}{\alpha_1}\ln\left[1 - \frac{\alpha_1\mu BQ(\bar{p}_R - p_{wf})}{2\pi k_{10}he^{-\alpha_1(p_0-\bar{p}_R)}\left\{(\bar{p}_R - p_b) + \frac{p_b}{1.8}\left[1 - 0.2\frac{p_{wf}}{p_b} - 0.8\left(\frac{p_{wf}}{p_b}\right)^2\right]\right\}}\left(\ln\frac{r_e}{r_f} - \frac{3}{4}\right)\right] +$$

$$\frac{1}{\alpha_2}\ln\left[1 + \frac{\alpha_2\mu BQ(\bar{p}_R - p_{wf})}{2\pi k_{20}e^{-\alpha_2(p_0-p_{wf})}h\left\{(\bar{p}_R - p_b) + \frac{p_b}{1.8}\left[1 - 0.2\frac{p_{wf}}{p_b} - 0.8\left(\frac{p_{wf}}{p_b}\right)^2\right]\right\}}\left(\ln\frac{r_f}{r_w} - \frac{1}{2}\right)\right]$$

$$(8-50)$$

式（8-50）也只能迭代求解，进而也可求得不同井底流压下的采油指数。

（3）油气水三相流。

同样采用 Petrobras 提出的方法可以计算裂缝闭合情况下直井的油气水三相流入动态方程。

水相的流入动态方程为：

$$\bar{p}_R - p_{wf} = -\frac{1}{\alpha_1}\ln\left[1 - \frac{\alpha_1\mu BQ_w}{2\pi k_{10}he^{-\alpha_1(p_0-\bar{p}_R)}}\left(\ln\frac{r_e}{r_f} - \frac{3}{4}\right)\right] +$$

$$\frac{1}{\alpha_2}\ln\left[1 + \frac{\alpha_2\mu BQ_w}{2\pi k_{20}e^{-\alpha_2(p_0-p_{wf})}h}\left(\ln\frac{r_f}{r_w} - \frac{1}{2}\right)\right]$$

$$(8-51)$$

当 $p_{wf} > p_b$ 和 $p_{wf} < p_b$ 时，油相的产能方程分别为：

$$\bar{p}_R - p_{wf} = -\frac{1}{\alpha_1}\ln\left[1 - \frac{\alpha_1\mu BQ_o}{2\pi k_{10}he^{-\alpha_1(p_0-\bar{p}_R)}}\left(\ln\frac{r_e}{r_f} - \frac{3}{4}\right)\right] +$$

$$\frac{1}{\alpha_2}\ln\left[1 + \frac{\alpha_2\mu BQ_o}{2\pi k_{20}e^{-\alpha_2(p_0-p_{wf})}h}\left(\ln\frac{r_f}{r_w} - \frac{1}{2}\right)\right]$$

$$(8-52)$$

$$\bar{p}_R - p_{wf} = -\frac{1}{\alpha_1}\ln\left[1 - \frac{\alpha_1\mu BQ_o(\bar{p}_R - p_{wf})}{2\pi k_{10}he^{-\alpha_1(p_0-\bar{p}_R)}\left\{(\bar{p}_R - p_b) + \frac{p_b}{1.8}\left[1 - 0.2\frac{p_{wf}}{p_b} - 0.8\left(\frac{p_{wf}}{p_b}\right)^2\right]\right\}}\left(\ln\frac{r_e}{r_f} - \frac{3}{4}\right)\right] +$$

$$\frac{1}{\alpha_2}\ln\left[1 + \frac{\alpha_2\mu BQ_o(\bar{p}_R - p_{wf})}{2\pi k_{20}e^{-\alpha_2(p_0-p_{wf})}h\left\{(\bar{p}_R - p_b) + \frac{p_b}{1.8}\left[1 - 0.2\frac{p_{wf}}{p_b} - 0.8\left(\frac{p_{wf}}{p_b}\right)^2\right]\right\}}\left(\ln\frac{r_f}{r_w} - \frac{1}{2}\right)\right]$$

$$(8-53)$$

式（8-51）中的水相产能 Q_w、式（8-52）和式（8-53）中的油相产能 Q_o 均不能显式表达，需要编程迭代求解。按照产量进行加权平均，可分别得到未饱和油藏在 $p_{wf} > p_b$ 和 $p_{wf} < p_b$ 两种情形下考虑裂缝闭合和地层压力水平，油井发生油气水三相流动时的产液方程和采液指数方程。

2）饱和油藏

饱和油藏的初始压力小于泡点压力，油井一开井生产后，井底附近地层就开始脱气，出现油气两相流动。若考虑油井产水，还可能出现油气水三相流动。

（1）油气两相流。

此时，溶解气驱为油藏的主要驱油方式，仍可利用 Vogel 方程来确定该饱和油藏的产能方程。在式（8-50）中用 $\bar{p}_R$ 代替 p_b，可得到饱和油藏考虑裂缝闭合和地层压力水平，发生油气两相流动时的油井产能方程：

$$
\bar{p}_R - p_{wf} = -\frac{1}{\alpha_1}\ln\left[1 - \frac{\alpha_1 \mu BQ(\bar{p}_R - p_{wf})}{2\pi k_{10}he^{-\alpha_1(p_0-\bar{p}_R)}\dfrac{\bar{p}_R}{1.8}\left[1 - 0.2\dfrac{p_{wf}}{\bar{p}_R} - 0.8\left(\dfrac{p_{wf}}{\bar{p}_R}\right)^2\right]}\left(\ln\frac{r_e}{r_f} - \frac{3}{4}\right)\right] +
$$

$$
\frac{1}{\alpha_2}\ln\left[1 + \frac{\alpha_2 \mu BQ(\bar{p}_R - p_{wf})}{2\pi k_{20}e^{-\alpha_2(p_0-p_{wf})}h\dfrac{\bar{p}_R}{1.8}\left[1 - 0.2\dfrac{p_{wf}}{\bar{p}_R} - 0.8\left(\dfrac{p_{wf}}{\bar{p}_R}\right)^2\right]}\left(\ln\frac{r_f}{r_w} - \frac{1}{2}\right)\right]
$$

$$(8-54)$$

式（8-54）也只能迭代求解，进而也能求得不同井底流压下的采油指数。

（2）油气水三相流。

饱和油藏和未饱和油藏的水相产能方程相同，均为式（8-51），而油相产能方程与式（8-54）相同。根据含水率，按照产量进行加权平均，可以得到饱和油藏考虑裂缝闭合和地层压力水平，发生油气水三相流动时的油井总产液方程，进而可得到不同井底流压下的采液指数。

2. 裂缝闭合时直井拟稳态产能对比

图 8-19 和图 8-20 分别为不同裂缝闭合条件下直井的产液（油）动态曲线和产液（油）指数曲线，可以看出裂缝闭合对直井流入动态的影响十分显著。裂缝闭合导致油井的产液（油）量和采液（油）指数均降低，使产液（油）动态曲线和采液（油）指数曲线均向纵轴弯曲靠拢，采液（油）指数曲线的斜率增加。

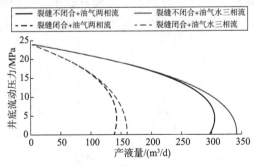

图 8-19　不同裂缝闭合条件下直井的产液动态预测结果对比

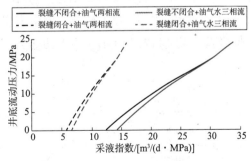

图 8-20　不同裂缝闭合条件下直井的产液指数预测结果对比

3. 流入动态特征和影响因素分析

地层压力保持水平、储层渗透率、储层厚度、油藏半径、原油黏度、原油体积系数、含水率和表皮系数对裂缝闭合直井流入动态的影响，与之前裂缝不闭合直井情形基本相同。这里重点讨论裂缝闭合半径和内外区应力敏感性的影响。

1）裂缝闭合半径

图 8 – 21 和图 8 – 22 分别为裂缝闭合时直井在不同裂缝闭合半径下的流入动态曲线和采油指数曲线。从图中可以看出，闭合半径对直井的产油和流入动态影响比较显著，与产油能力呈负相关关系。随着闭合半径的增加，相同井底流压下的直井产油量和采油指数均有所降低，流入动态曲线逐渐向纵轴靠拢，采油指数曲线近似向左侧平移。裂缝闭合半径增加时，达到最大产油能力所需的井底压差变化不大，图中表现为拐点轻微向左侧平移。

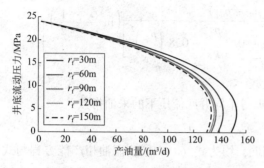

图 8 – 21　裂缝闭合半径对直井
流入动态曲线的影响

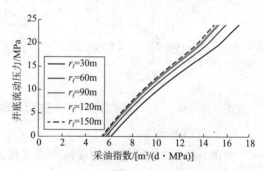

图 8 – 22　裂缝闭合半径对直井
产油指数曲线的影响

2）内区应力敏感性

图 8 – 23 和图 8 – 24 分别为裂缝闭合时直井在不同内区应力敏感性下的流入动态曲线和采油指数曲线。从图中可以看出，内区应力敏感性对直井流入动态的影响十分显著，与产油能力负相关。其整体影响规律与前面裂缝不闭合时应力敏感性对油井流入动态的影响规律基本相同。随着内区应力敏感性增强，相同井底流压下的直井产能和采油指数明显降低，流入动态曲线向纵轴弯曲靠拢。同时，产油量由一直增加变为先增加后减小，达到最大产油能力所需的井底压差减小，图中表现为拐点向左上侧迁移。此外，随着内区应力敏感性增强，采油指数曲线形态由下凹变为上凸。

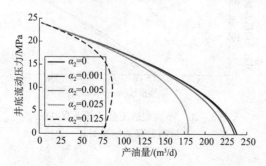

图 8 – 23　内区应力敏感系数对直井
流入动态曲线的影响

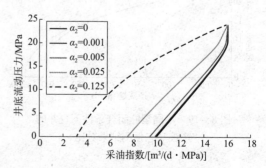

图 8 – 24　内区应力敏感系数对直井
产油指数曲线的影响

3）外区应力敏感性

图 8-25 和图 8-26 分别为裂缝闭合时直井在不同外区应力敏感性下的流入动态曲线和采油指数曲线。从图中可以看出，外区应力敏感性对直井的产油和流入动态基本没有影响。不同外区应力敏感性条件下，流入动态曲线和采油指数曲线均完全重合。分析内外区应力敏感性影响差异的原因，可能是由于油井的产油能力主要取决于内区的渗流能力，即使外区的应力敏感性很强，它仍然能保证其对内区的供液能力。因此，内区应力敏感性对油井产能影响显著，而外区应力敏感性对油井产能影响不大。

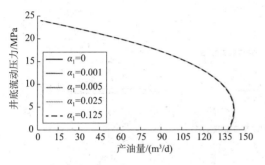

图 8-25　外区应力敏感系数对直井
流入动态曲线的影响

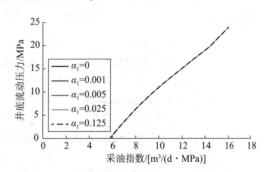

图 8-26　外区应力敏感系数对直井
采油指数曲线的影响

8.3　水平井产能评价模型及流入动态特征

水平井作为 NT 油田的重要开发井型，有必要建立相应的拟稳态产能方程，为预测水平井产能和制定合理配产制度提供依据。本节仍然分裂缝不闭合和裂缝闭合两种情况，建立模型来推导水平井拟稳态产能方程。沿用前面直井拟稳态产能方程的推导思路，即当裂缝不闭合时，油藏范围内使用统一的应力敏感性表达式；当裂缝闭合时，采用复合油藏概念，分区使用不同的应力敏感性表达式。

8.3.1　裂缝不闭合水平井模型

1. 模型假设条件和产能评价方程推导

将裂缝孔隙型储层等效为双孔单渗储层，储层和流体的假设条件与 8.2.1 节中裂缝不闭合时的直井模型完全相同，区别在于井筒参数不同。这里假设水平井处于油藏中央，关于井筒中心位置对称，井筒半径为 r_w，水平段长度为 $2L$。

关于应力敏感性的考虑方式与前面完全相同，采用指数形式：

$$k = k_{a0}\exp[-\alpha_K(p_0 - p)] \tag{8-55}$$

同样，饱和油藏和未饱和油藏需要分别讨论。

1）未饱和油藏

未饱和油藏的初始油藏压力大于泡点压力。当 $p_{wf} \geqslant p_b$ 时，油藏中为单相流动；当 $p_{wf} < p_b$ 时，井底附近出现油气两相流动。

（1）单相油流。

1964 年，Borisov 利用等值渗流阻力法，将原油向水平井流动的三维流场分解成内、外两个二维流动区（图 8 – 27）。本节将借用这种分区思想来推导应力敏感条件下水平井产能方程。

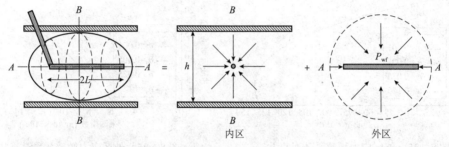

图 8 – 27　Borisov 水平井近井三维流场分解简化示意图

外区：由半径为 r_e，平均地层压力为 $\bar{p}_R$ 的圆形封闭泄流区向井径为 $L/2$、井底流压为 p_m 的普通直井供油，储层发生拟稳态流动。考虑储层应力敏感性，封闭边界条件下外区的产能方程可写成：

$$Q_1 = \frac{2\pi k_{a0}h}{\mu B\left[\ln\left(\dfrac{r_e}{L/2}\right) - \dfrac{3}{4}\right]} \frac{e^{-\alpha_1(p_0-\bar{p}_R)} - e^{-\alpha_1(p_0-p_m)}}{\alpha_k} \qquad (8-56)$$

上式可以写成流入动态方程的形式：

$$\bar{p}_R - p_m = -\frac{1}{\alpha_k}\ln\left\{1 - \frac{\alpha_k\mu BQ_1}{2\pi k_{a0}he^{-\alpha_k(p_0-\bar{p}_R)}}\left[\ln\left(\frac{r_e}{L/2}\right) - \frac{3}{4}\right]\right\} \qquad (8-57)$$

内区：在垂直平面内，可将水平井剖面看成井筒半径为 r_w 的直井，其泄流面积为半径等于 $h/2\pi$ 的圆柱表面，它与半径为 $h/2\pi$ 的圆形区域面积等效。内区发生拟稳态流动，可以得到地层压力分布规律为：

$$p(r) = p_{wf} + \frac{1}{\alpha_k}\ln\left[1 + \frac{\alpha_k\mu BQ_2}{2\pi k_{a0}e^{-\alpha_k(p_0-p_{wf})}(2L)}\left(\ln\frac{r}{r_w} - \frac{r^2 - r_w^2}{2\,(h/2\pi)^2}\right)\right] \qquad (8-58)$$

内区的边界处地层压力等于 p_m，代入上式中，可以得到：

$$p_m = p_{wf} + \frac{1}{\alpha_k}\ln\left[1 + \frac{\alpha_k\mu BQ_2}{2\pi k_{a0}e^{-\alpha_k(p_0-p_{wf})}(2L)}\left(\ln\frac{h/2\pi}{r_w} - \frac{(h/2\pi)^2 - r_w^2}{2\,(h/2\pi)^2}\right)\right]$$

$$\approx p_{wf} + \frac{1}{\alpha_k}\ln\left[1 + \frac{\alpha_k\mu BQ_2}{2\pi k_{a0}e^{-\alpha_k(p_0-p_{wf})}(2L)}\left(\ln\frac{h/2\pi}{r_w} - \frac{1}{2}\right)\right] \qquad (8-59)$$

将上式代入式（8-57）中，消去 p_m，同时考虑到 $Q_1 = Q_2 = Q_h$，可得到考虑应力敏感性但裂缝不闭合时水平井的拟稳态产能方程：

$$\bar{p}_R - p_{wf} = -\frac{1}{\alpha_k}\ln\left\{1 - \frac{\alpha_k \mu B Q_h}{2\pi k_{a0}he^{-\alpha_k(p_0 - \bar{p}_R)}}\left[\ln\left(\frac{r_e}{L/2}\right) - \frac{3}{4}\right]\right\} +$$

$$\frac{1}{\alpha_k}\ln\left\{1 + \frac{\alpha_k \mu B Q_h}{2\pi k_{a0}e^{-\alpha_k(p_0 - p_{wf})}(2L)}\left[\ln\left(\frac{h/2\pi}{r_w}\right) - \frac{1}{2}\right]\right\} \quad (8-60)$$

式（8-60）为产量 Q_h 关于井底压力 p_{wf} 的隐函数，不能直接得到产量的解析形式，并且产能方程具有强非线性，可以采用 Newton 迭代法编程计算求解，同时还能求出对应的采油指数。

（2）油气两相流。

当 $p_w < p_b$ 后，井底附近的原油脱气，油层中出现油气两相流动。Vogel 方程是针对直井建立的，对水平井不适用。目前主要有四种溶解气驱油藏水平井流入动态方程，分别是：Bendakhlia 方程，Cheng 方程，刘想平方程和孙大同方程。

Cheng 方程与经典的 Vogel 方程形式一致，并且只需要一组测试点，便可求得流入动态曲线，因此是目前最常用的水平井流入动态方程。Cheng 方程的缺点是方程在井底流压等于饱和压力和 0 时没有归一化，绘制流入动态曲线时出现断点。孙大同针对 Cheng 方程不归一化的问题，利用 Cheng 的油藏数值模拟数据，重新进行回归，使方程归一化，从而得到新的溶解气驱油藏的无因次水平井流入动态方程：

$$\frac{Q_o}{Q_{omax}} = 1 - 0.0005\frac{p_{wf}}{p_r} - 0.6338\left(\frac{p_{wf}}{p_r}\right)^2 - 0.3657\left(\frac{p_{wf}}{p_r}\right)^3 \quad (8-61)$$

利用 Vogel 方程建立直井两相流产能方程的思路，在式（8-61）中分别用 p_b，Q_c 和 $Q_o - Q_b$ 代替 p_r，Q_{omax} 和 Q_o，可建立水平井油气两相流入动态方程：

$$Q_o = Q_b + Q_c\left[1 - 0.0005\frac{p_{wf}}{p_b} - 0.6338\left(\frac{p_{wf}}{p_b}\right)^2 - 0.3657\left(\frac{p_{wf}}{p_b}\right)^3\right] \quad (8-62)$$

其中，Q_o 为油气两相流动时的产油量，Q_b 为井底压力为泡点压力时的油井产量，Q_c 为油气两相流动时的最大产油量。

当 $p_{wf} \geq p_b$ 时，流入动态曲线的导数等于单相流动时油井采油指数的负值：

$$\frac{dQ_o}{dp_{wf}} = -J \quad (8-63)$$

当 $p_{wf} < p_b$ 时，流入动态曲线的导数为：

$$\frac{dQ_o}{dp_{wf}} = -Q_c\left(\frac{0.0005}{p_b} + \frac{1.2676p_{wf}}{p_b^2} + \frac{1.0971p_{wf}^2}{p_b^3}\right) \quad (8-64)$$

在 $p_{wf} = p_b$ 处，上述两个导数相等，可得到：

$$Q_c = \frac{Jp_b}{2.3652} \quad (8-65)$$

进而，在发生油气两相流动时，水平井的拟稳态产能方程为：

$$Q_o = Q_b + \frac{Jp_b}{2.3652}\left[1 - 0.0005\frac{p_{wf}}{p_b} - 0.6338\left(\frac{p_{wf}}{p_b}\right)^2 - 0.3657\left(\frac{p_{wf}}{p_b}\right)^3\right] \quad (8-66)$$

利用式（8-66），并结合水平井单相流时的拟稳态产能方程（8-60），可建立未饱和油藏考虑应力敏感性但裂缝不闭合，发生油气两相流动时的水平井拟稳态产能方程：

$$\bar{p}_R - p_{wf} = -\frac{1}{\alpha_k}\ln\left\{1 - \frac{\alpha_k\mu BQ_h(\bar{p}_R - p_{wf})\left[\ln\left(\frac{r_e}{L/2}\right) - \frac{3}{4}\right]}{2\pi k_{a0}he^{-\alpha_k(p_0-\bar{p}_R)}\left\{(\bar{p}_R - p_b) + \frac{p_b}{2.3652}\left[1 - 0.0005\frac{p_{wf}}{p_b} - 0.6338\left(\frac{p_{wf}}{p_b}\right)^2 - 0.3657\left(\frac{p_{wf}}{p_b}\right)^3\right]\right\}}\right\} +$$

$$\frac{1}{\alpha_k}\ln\left\{1 + \frac{\alpha_k\mu BQ_h(\bar{p}_R - p_{wf})\left[\ln\left(\frac{h/2\pi}{r_w}\right) - \frac{1}{2}\right]}{2\pi k_{a0}e^{-\alpha_k(p_0-p_{wf})}(2L)\left\{(\bar{p}_R - p_b) + \frac{p_b}{2.3652}\left[1 - 0.0005\frac{p_{wf}}{p_b} - 0.6338\left(\frac{p_{wf}}{p_b}\right)^2 - 0.3657\left(\frac{p_{wf}}{p_b}\right)^3\right]\right\}}\right\}$$

$$(8-67)$$

（3）油气水三相流。

采用 Petrobras 建立直井油气水三相流入动态曲线的思路，按含水率取油相和水相产能的加权平均值，可得到水平井的三相流入动态方程。

水相的流入动态方程为：

$$\bar{p}_R - p_{wf} = -\frac{1}{\alpha_k}\ln\left\{1 - \frac{\alpha_k\mu BQ_{hw}}{2\pi k_{a0}he^{-\alpha_k(p_0-\bar{p}_R)}}\left[\ln\left(\frac{r_e}{L/2}\right) - \frac{3}{4}\right]\right\} +$$

$$\frac{1}{\alpha_k}\ln\left\{1 + \frac{\alpha_k\mu BQ_{hw}}{2\pi k_{a0}e^{-\alpha_k(p_0-p_{wf})}(2L)}\left[\ln\left(\frac{h/2\pi}{r_w}\right) - \frac{1}{2}\right]\right\} \quad (8-68)$$

当 $p_{wf} > p_b$ 和 $p_{wf} < p_b$ 时，油相的产能方程分别为：

$$\bar{p}_R - p_{wf} = -\frac{1}{\alpha_k}\ln\left\{1 - \frac{\alpha_k\mu BQ_{ho}}{2\pi k_{a0}he^{-\alpha_k(p_0-\bar{p}_R)}}\left[\ln\left(\frac{r_e}{L/2}\right) - \frac{3}{4}\right]\right\} +$$

$$\frac{1}{\alpha_k}\ln\left\{1 + \frac{\alpha_k\mu BQ_{ho}}{2\pi k_{a0}e^{-\alpha_k(p_0-p_{wf})}(2L)}\left[\ln\left(\frac{h/2\pi}{r_w}\right) - \frac{1}{2}\right]\right\} \quad (8-69)$$

$$\bar{p}_R - p_{wf} = -\frac{1}{\alpha_k}\ln\left\{1 - \frac{\alpha_k\mu BQ_{ho}(\bar{p}_R - p_{wf})\left[\ln\left(\frac{r_e}{L/2}\right) - \frac{3}{4}\right]}{2\pi k_{a0}he^{-\alpha_k(p_0-\bar{p}_R)}\left\{(\bar{p}_R - p_b) + \frac{p_b}{2.3652}\left[1 - 0.0005\frac{p_{wf}}{p_b} - 0.6338\left(\frac{p_{wf}}{p_b}\right)^2 - 0.3657\left(\frac{p_{wf}}{p_b}\right)^3\right]\right\}}\right\} +$$

$$\frac{1}{\alpha_k}\ln\left\{1 + \frac{\alpha_k\mu BQ_{ho}(\bar{p}_R - p_{wf})\left[\ln\left(\frac{h/2\pi}{r_w}\right) - \frac{1}{2}\right]}{2\pi k_{a0}e^{-\alpha_k(p_0-p_{wf})}(2L)\left\{(\bar{p}_R - p_b) + \frac{p_b}{2.3652}\left[1 - 0.0005\frac{p_{wf}}{p_b} - 0.6338\left(\frac{p_{wf}}{p_b}\right)^2 - 0.3657\left(\frac{p_{wf}}{p_b}\right)^3\right]\right\}}\right\}$$

$$(8-70)$$

按照含水率进行加权平均，可分别建立 $p_{wf} \geq p_b$ 和 $p_{wf} < p_b$ 时封闭边界条件下油气水三相流入动态方程，并获得相应的采液指数方程。

2）饱和油藏

对于饱和油藏而言，油藏初始压力小于泡点压力，油井开井生产后，井筒附近地层就会发生脱气，出现油气两相流动。若考虑油井产水，还可能出现油气水三相流动。

（1）油气两相流。

此时，仍然可利用修正的 Cheng 方程来确定该饱和油藏的拟稳态产能方程，但注意当 $p_{wf} = p_b$ 时，油井产量为 $Q_b = 0$，而不是 $Q_b = J\ (\bar{p}_R - p_b)$。

在式（8-67）中用 $\bar{p}_R$ 代替 p_b，可得到饱和油藏考虑应力敏感性和地层压力水平，发生油气两相流动时的水平井拟稳态产能方程：

$$\bar{p}_R - p_{wf} = -\frac{1}{\alpha_k}\ln\left\{1 - \frac{\alpha_k \mu B Q_h(\bar{p}_R - p_{wf})\left[\ln\left(\dfrac{r_e}{L/2}\right) - \dfrac{3}{4}\right]}{2\pi k_{a0}he^{-\alpha_k(p_0 - \bar{p}_R)}\dfrac{\bar{p}_R}{2.3652}\left[1 - 0.0005\dfrac{p_{wf}}{\bar{p}_R} - 0.6338\left(\dfrac{p_{wf}}{\bar{p}_R}\right)^2 - 0.3657\left(\dfrac{p_{wf}}{\bar{p}_R}\right)^3\right]}\right\} +$$

$$\frac{1}{\alpha_k}\ln\left\{1 + \frac{\alpha_k \mu B Q_h(\bar{p}_R - p_{wf})\left[\ln\left(\dfrac{h/2\pi}{r_w}\right) - \dfrac{1}{2}\right]}{2\pi k_{a0}e^{-\alpha_k(p_0 - p_{wf})}(2L)\dfrac{\bar{p}_R}{2.3652}\left[1 - 0.0005\dfrac{p_{wf}}{\bar{p}_R} - 0.6338\left(\dfrac{p_{wf}}{\bar{p}_R}\right)^2 - 0.3657\left(\dfrac{p_{wf}}{\bar{p}_R}\right)^3\right]}\right\}$$

$$(8-71)$$

式（8-71）也只能用 Newton 迭代法编程求解，进而同样可求得不同井底流压下的采油指数。

（2）油气水三相流。

采用 Petrobras 方法按照含水率对油水两相的产量进行加权平均，可得到饱和油藏考虑应力敏感性但裂缝不闭合，发生油气水三相流动时的水平井产液方程和采液指数方程。其中，饱和油藏和未饱和油藏的水相产能方程均为式（8-68），油相产能方程与式（8-71）相同。

2. 直井与水平井拟稳态产能对比

图 8-28 和图 8-29 分别为裂缝不闭合时下不同井型条件下的产液动态曲线和产液指数曲线。从图中可以看出，在油藏条件相同时，对于油气两相或油气水三相，直井和水平井的流入动态差异较大，直井的产能和采油指数均远低于水平井。水平井出现显著的最大产油能力点，并且达到最大产油能力所需要的井底压差更小。此外，直井的采油指数曲线比水平井陡。

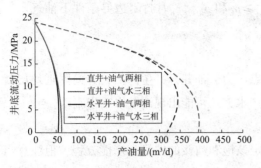

图 8-28　直井与水平井的产油动态
预测结果对比（裂缝不闭合）

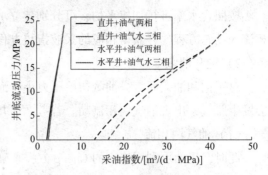

图 8-29　直井与水平井的采油指数
预测结果对比（裂缝不闭合）

3. 流入动态特征和影响因素分析

本节重点讨论地层压力保持水平、储层应力敏感性和水平井长度等关键因素对水平井流入动态的影响。其他因素的影响与直井中大致相似，这里不再赘述。

1）地层压力保持水平

图 8-30 和图 8-31 分别为裂缝不闭合时水平井在不同地层压力保持水平下的流入动态曲线和采油指数曲线。地层压力保持水平对水平井流入动态的影响与其对直井的影响相似，即地层压力保持水平与水平井的产油能力和采油指数正相关。随着地层压力保持水平降低，流入动态曲线和采油指数曲线均向原点收缩。

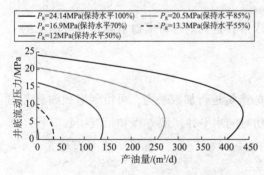

图 8-30　地层压力水平对水平井流入
动态曲线的影响（裂缝不闭合）

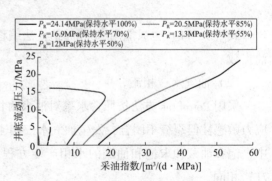

图 8-31　地层压力水平对水平井采油
指数曲线的影响（裂缝不闭合）

2）储层应力敏感性

图 8-32 和图 8-33 分别为裂缝不闭合时水平井在不同储层应力敏感性下的流入动态曲线和采油指数曲线。和直井相似，储层应力敏感性对水平井的产油能力和流入动态影响十分显著，与产油能力负相关。随着储层应力敏感性的增强，相同井底流压下的水平井产能和采油指数均明显降低，流入动态曲线和采油指数曲线向纵轴弯曲靠拢，同时产油量由一直增加变为先增加后减小，出现显著的拐点，达到最大产油能力所需的井底压差减小，图中表现为拐点向左上侧迁移。此外，随着储层应力敏感性的增强，采油指数曲线形态由

下凹变为上凸。

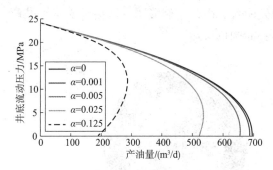

图 8 - 32　储层应力敏感性对水平井流入
动态曲线的影响（裂缝不闭合）

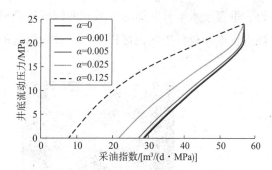

图 8 - 33　储层应力敏感性对水平井采油
指数曲线的影响（裂缝不闭合）

3）水平井长度

图 8 - 34 和图 8 - 35 分别为裂缝不闭合时水平井在不同水平井长度下的流入动态曲线和采油指数曲线。从图中可以看出，水平井长度对油井流入动态的影响十分显著，与产油能力呈正相关关系。其整体影响规律与裂缝不闭合时储层渗透率和储层厚度对直井流入动态的影响规律相似。随着水平井长度的增加，相同井底流压下的水平井产能明显增加，流入动态曲线和采油指数曲线均逐渐背离纵轴，流入动态曲线弯曲弧度增加，采油指数曲线的斜率减小，但达到最大产油能力所需的井底压差变化不大。

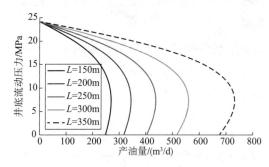

图 8 - 34　井筒长度对水平井流入
动态曲线的影响（裂缝不闭合）

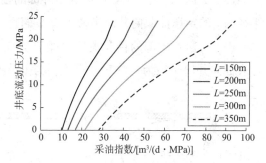

图 8 - 35　井筒长度对水平井采油
指数曲线的影响（裂缝不闭合）

8.3.2　裂缝闭合水平井模型

1. 模型假设条件和产能评价方程推导

本节利用分区模型来推导裂缝闭合条件下裂缝孔隙型油藏中水平井的拟稳态产能方程。将裂缝孔隙型储层等效为双孔单渗储层，关于储层分区的假设条件与 8.2.2 节的假设条件完全相同。Borisov 水平井产能方程的推导过程中有内区和外区的概念，而考虑裂缝闭合时又会出现裂缝闭合区和裂缝不闭合区的分区概念（图 8 - 36）。在这种情况下，有必要对储层的分区进行重新梳理。一般而言，水平井主要用于开发薄油层，随着生产的进行，垂直于水平井井筒的区域和两端区域会最先闭合。因此，裂缝闭合区会覆盖水平井产能方程推导过程中的内区以及部分井筒附近的径向圆形区域。

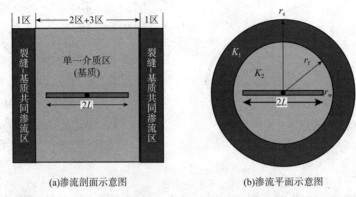

(a)渗流剖面示意图　　　　　　　　　(b)渗流平面示意图

图 8-36　裂缝孔隙型油藏在裂缝闭合条件下的水平井分区示意图

基于上面的认识，可将裂缝闭合情况下的水平井渗流场近似地分解成下面三个区（图8-37）：

（1）1区：$r_f \leqslant r \leqslant r_e$，未发生裂缝闭合，纯径向流区，近似于半径为 r_e 的圆形油藏向井筒半径为 r_f 的直井供液。

（2）2区：$L/2 < r < r_f$ 区域中外部的径向流区（水平方向），发生裂缝闭合，近似于半径为 r_f 的定压油藏向井筒半径为 $L/2$ 的直井供液。

（3）3区：内部的径向流区（垂直方向），发生裂缝闭合，近似于半径为 $h/2\pi$ 的圆柱表面向井筒半径为 r_w 的直井供液，与上节推导过程中的内区范围相同。

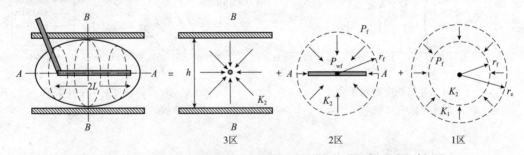

图 8-37　裂缝孔隙型油藏裂缝闭合条件下的水平井三维流场分解简化示意图

裂缝不闭合区为基质和裂缝共同渗流区，裂缝闭合区为基质渗流区，二者应力敏感性的处理方式与式（8-38）和式（8-39）相同。其中，k_{10}、k_{20} 分别为初始时刻的外区和内区的渗透率；α_1、α_2 分别为外区和内区的应力敏感系数。

类似地，对于饱和油藏和未饱和油藏，需要分别讨论。

1）未饱和油藏

$p_{wf} \geq p_b$时，油藏中为单相流动；$p_{wf} < p_b$时，井筒附近出现油气两相流动。

（1）单相油流。

①1区（$r_f < r \leq r_e$）：共同渗流、裂缝未闭合、水平流动。

根据该区流场规律，按照式（8-40）到式（8-41）的推导过程，可写出1区的流入动态方程：

$$\bar{p}_R - p_f = -\frac{1}{\alpha_1}\ln\left[1 - \frac{\alpha_1 \mu B Q_1}{2\pi k_{10}he^{-\alpha_1(p_0-\bar{p}_R)}}\left(\ln\frac{r_e}{r_f} - \frac{3}{4}\right)\right] \quad (8-72)$$

对应的产能方程为：

$$Q_1 = \frac{2\pi k_{10}h}{\mu B\left(\ln\dfrac{r_e}{r_f} - \dfrac{3}{4}\right)}\frac{e^{-\alpha_1(p_0-\bar{p}_R)} - e^{-\alpha_1(p_0-p_f)}}{\alpha_1} \quad (8-73)$$

②2区（$L/2 < r < r_f$）：基质渗流、裂缝闭合、水平流动。

根据该区流场规律，按照式（8-42）到式（8-45）的推导过程，可写出2区的流入动态方程：

$$p_f - p_m = \frac{1}{\alpha_2}\ln\left[1 + \frac{\alpha_2 \mu B Q_2}{2\pi k_{20}e^{-\alpha_2(p_0-p_m)}h}\left(\ln\frac{r_f}{L/2} - \frac{1}{2} + \frac{(L/2)^2}{2r_f^2}\right)\right] \quad (8-74)$$

对应的产能方程为：

$$Q_2 = \frac{2\pi k_{20}h}{\mu B\left[\ln\left(\dfrac{r_f}{L/2}\right) - \dfrac{1}{2} + \dfrac{(L/2)^2}{2r_f^2}\right]}\frac{e^{-\alpha_2(p_0-p_f)} - e^{-\alpha_2(p_0-p_m)}}{\alpha_2} \quad (8-75)$$

③3区：基质渗流、裂缝闭合、垂直流动。

根据该区流场规律，按照式（8-58）到式（8-59）的推导过程，可写出3区的流入动态方程：

$$p_m - p_{wf} = \frac{1}{\alpha_2}\ln\left[1 + \frac{\alpha_2 \mu B Q_3}{2\pi k_{20}e^{-\alpha_2(p_0-p_{wf})}(2L)}\left(\ln\frac{h/2\pi}{r_w} - \frac{1}{2}\right)\right] \quad (8-76)$$

对应的产能方程为：

$$Q_3 = \frac{2\pi k_{20}(2L)}{\mu B\left(\ln\dfrac{h/2\pi}{r_w} - \dfrac{1}{2}\right)}\frac{e^{-\alpha_2(p_0-p_m)} - e^{-\alpha_2(p_0-p_{wf})}}{\alpha_2} \quad (8-77)$$

根据等值渗流原理，式（8-72）、式（8-74）和式（8-76）依次相加，消去p_m和p_f，同时有$Q_1 = Q_2 = Q_3 = Q_h$，可得到考虑应力敏感性和裂缝闭合时，封闭边界油藏的水平井流入动态方程：

$$\bar{p}_{R} - p_{wf} = -\frac{1}{\alpha_1}\ln\left[1 - \frac{\alpha_1\mu BQ_h}{2\pi k_{10}he^{-\alpha_1(p_0-\bar{p}_R)}}\left(\ln\frac{r_e}{r_f} - \frac{3}{4}\right)\right] +$$

$$\frac{1}{\alpha_2}\ln\left[1 + \frac{\alpha_2\mu BQ_h}{2\pi k_{20}he^{-\alpha_2(p_0-p_{wf})} + \frac{\alpha_2\mu BhQ_h}{2L}\left(\ln\frac{h/2\pi}{r_w} - \frac{1}{2}\right)}\left(\ln\frac{r_f}{L/2} - \frac{1}{2} + \frac{(L/2)^2}{2r_f^2}\right)\right] +$$

$$\frac{1}{\alpha_2}\ln\left[1 + \frac{\alpha_2\mu BQ_h}{2\pi k_{20}e^{-\alpha_2(p_0-p_{wf})}(2L)}\left(\ln\frac{h/2\pi}{r_w} - \frac{1}{2}\right)\right] \qquad (8-78)$$

对于封闭边界油藏，生产初期有 $p_0 = \bar{p}_R$，上式可简化为：

$$\bar{p}_{R} - p_{wf} = -\frac{1}{\alpha_1}\ln\left[1 - \frac{\alpha_1\mu BQ_h}{2\pi k_{10}h}\left(\ln\frac{r_e}{r_f} - \frac{3}{4}\right)\right] +$$

$$\frac{1}{\alpha_2}\ln\left[1 + \frac{\alpha_2\mu BQ_h}{2\pi k_{20}he^{-\alpha_2(\bar{p}_R-p_{wf})} + \frac{\alpha_2\mu BhQ_h}{2L}\left(\ln\frac{h/2\pi}{r_w} - \frac{1}{2}\right)}\left(\ln\frac{r_f}{L/2} - \frac{1}{2} + \frac{(L/2)^2}{2r_f^2}\right)\right] +$$

$$\frac{1}{\alpha_2}\ln\left[1 + \frac{\alpha_2\mu BQ_h}{2\pi k_{20}e^{-\alpha_2(\bar{p}_R-p_{wf})}(2L)}\left(\ln\frac{h/2\pi}{r_w} - \frac{1}{2}\right)\right] \qquad (8-79)$$

式（8-78）和式（8-79）为产量 Q_h 关于井底压力 p_{wf} 的隐函数，不能直接得到产量的解析形式，同时该方程具有较强的非线性，可采用 Newton 迭代法编程计算求解。

若 $\alpha_1 = \alpha_2 = \alpha_K$，初始渗透率 $k_{10} = k_{20} = k_{a0}$，$r_f = L/2$ 时，方程（8-78）可退化成前面裂缝不闭合时的水平井拟稳态产能方程［式（8-60）］。

闭合半径的计算：由式（8-73）、式（8-75）和式（8-77）联立，消去产量 Q_h，可得闭合半径与井底压力的关系：

$$r_f = \exp\frac{k_{20}\alpha_1\left[e^{-\alpha_2(p_0-p_f)} - e^{-\alpha_2(p_0-p_{wf})} - \frac{\alpha_2\mu BQ_h}{2\pi k_{20}(2L)}\ln\left(\frac{h/2\pi}{r_w}\right)\right]\left(\ln r_e - \frac{3}{4}\right) + k_{10}\alpha_2\left[e^{-\alpha_1(p_0-\bar{p}_R)} - e^{-\alpha_1(p_0-p_f)}\right]\left[\ln(L/2) + \frac{1}{2} - \frac{(L/2)^2}{2r_f^2}\right]}{k_{10}\alpha_2\left[e^{-\alpha_1(p_0-\bar{p}_R)} - e^{-\alpha_1(p_0-p_f)}\right] + k_{20}\alpha_1\left[e^{-\alpha_2(p_0-p_f)} - e^{-\alpha_2(p_0-p_{wf})} - \frac{\alpha_2\mu BQ_h}{2\pi k_{20}(2L)}\ln\left(\frac{h/2\pi}{r_w}\right)\right]}$$

$$(8-80)$$

（2）油气两相流。

当 $p_{wf} < p_b$ 后，井底附近脱气，油层中出现油气两相流动。沿用孙大同校正后的 Cheng 方程，根据水平井纯油相流动时的拟稳态产能式（8-78）和水平井油气两相流入动态式（8-66），可得到未饱和油藏考虑裂缝闭合和地层压力水平，发生油气两相流动时的水平井拟稳态产能方程。为简化方程，令：

$$R_{cb} = \frac{\bar{p}_R - p_{wf}}{(\bar{p}_R - p_b) + \frac{p_b}{2.3652}\left[1 - 0.0005\frac{p_{wf}}{p_b} - 0.6338\left(\frac{p_{wf}}{p_b}\right)^2 - 0.3657\left(\frac{p_{wf}}{p_b}\right)^3\right]} \qquad (8-81)$$

进而得到：

$$\bar{p}_R - p_{wf} = -\frac{1}{\alpha_1}\ln\left[1 - \frac{\alpha_1\mu BQ_hR_{cb}}{2\pi k_{10}he^{-\alpha_1(p_0-\bar{p}_R)}}\left(\ln\frac{r_e}{r_f} - \frac{3}{4}\right)\right] +$$

$$\frac{1}{\alpha_2}\ln\left[1 + \frac{\alpha_2\mu BQ_hR_{cb}}{2\pi k_{20}he^{-\alpha_2(p_0-p_{wf})} + \dfrac{\alpha_2\mu BhQ_hR_{cb}}{2L}\left(\ln\dfrac{h/2\pi}{r_w} - \dfrac{1}{2}\right)}\left(\ln\frac{r_f}{L/2} - \frac{1}{2} + \frac{(L/2)^2}{2r_f^2}\right)\right] +$$

$$\frac{1}{\alpha_2}\ln\left[1 + \frac{\alpha_2\mu BQ_hR_{cb}}{2\pi k_{20}e^{-\alpha_2(p_0-p_{wf})}(2L)}\left(\ln\frac{h/2\pi}{r_w} - \frac{1}{2}\right)\right] \qquad (8-82)$$

上式即为未饱和油藏考虑裂缝闭合和地层压力水平，发生油气两相流动时的水平井拟稳态产能方程。该方程具有极强的非线性，可以采用 Newton 迭代法编程计算求解，进而还可得到不同井底流动压力下的采油指数。

（3）油气水三相流。

按照 Petrobras 建立油气水三相流入动态曲线的思路，可建立未饱和油藏考虑裂缝闭合和地层压力水平且发生油气水三相流动时的水平井拟稳态产液方程。

水相的流入动态方程为：

$$\bar{p}_R - p_{wf} = -\frac{1}{\alpha_1}\ln\left[1 - \frac{\alpha_1\mu BQ_{hw}}{2\pi k_{10}he^{-\alpha_1(p_0-\bar{p}_R)}}\left(\ln\frac{r_e}{r_f} - \frac{3}{4}\right)\right] +$$

$$\frac{1}{\alpha_2}\ln\left[1 + \frac{\alpha_2\mu BQ_{hw}}{2\pi k_{20}he^{-\alpha_2(p_0-p_{wf})} + \dfrac{\alpha_2\mu BhQ_{hw}}{2L}\left(\ln\dfrac{h/2\pi}{r_w} - \dfrac{1}{2}\right)}\left(\ln\frac{r_f}{L/2} - \frac{1}{2} + \frac{(L/2)^2}{2r_f^2}\right)\right] +$$

$$\frac{1}{\alpha_2}\ln\left[1 + \frac{\alpha_2\mu BQ_{hw}}{2\pi k_{20}e^{-\alpha_2(p_0-p_{wf})}(2L)}\left(\ln\frac{h/2\pi}{r_w} - \frac{1}{2}\right)\right] \qquad (8-83)$$

油相的产能方程分两种情况。

①当 $p_{wf} > p_b$ 时：

$$\bar{p}_R - p_{wf} = -\frac{1}{\alpha_1}\ln\left[1 - \frac{\alpha_1\mu BQ_{ho}}{2\pi k_{10}he^{-\alpha_1(p_0-\bar{p}_R)}}\left(\ln\frac{r_e}{r_f} - \frac{3}{4}\right)\right] +$$

$$\frac{1}{\alpha_2}\ln\left[1 + \frac{\alpha_2\mu BQ_{ho}}{2\pi k_{20}he^{-\alpha_2(p_0-p_{wf})} + \dfrac{\alpha_2\mu BhQ_{ho}}{2L}\left(\ln\dfrac{h/2\pi}{r_w} - \dfrac{1}{2}\right)}\left(\ln\frac{r_f}{L/2} - \frac{1}{2} + \frac{(L/2)^2}{2r_f^2}\right)\right] +$$

$$\frac{1}{\alpha_2}\ln\left[1 + \frac{\alpha_2\mu BQ_{ho}}{2\pi k_{20}e^{-\alpha_2(p_0-p_{wf})}(2L)}\left(\ln\frac{h/2\pi}{r_w} - \frac{1}{2}\right)\right] \qquad (8-84)$$

②当 $p_{wf} < p_b$ 时：

$$\bar{p}_R - p_{wf} = -\frac{1}{\alpha_1}\ln\left[1 - \frac{\alpha_1\mu BQ_{ho}R_{cb}}{2\pi k_{10}he^{-\alpha_1(p_0-\bar{p}_R)}}\left(\ln\frac{r_e}{r_f} - \frac{3}{4}\right)\right] +$$

$$\frac{1}{\alpha_2}\ln\left[1 + \frac{\alpha_2\mu BQ_{ho}R_{cb}}{2\pi k_{20}he^{-\alpha_2(p_0-p_{wf})} + \dfrac{\alpha_2\mu BhQ_{ho}R_{cb}}{2L}\left(\ln\dfrac{h/2\pi}{r_w} - \dfrac{1}{2}\right)}\left(\ln\frac{r_f}{L/2} - \frac{1}{2} + \frac{(L/2)^2}{2r_f^2}\right)\right] +$$

$$\frac{1}{\alpha_2}\ln\left[1 + \frac{\alpha_2 \mu B Q_{ho} R_{cb}}{2\pi k_{20}\mathrm{e}^{-\alpha_2(p_0-p_{wf})}(2L)}\left(\ln\frac{h/2\pi}{r_w} - \frac{1}{2}\right)\right] \tag{8-85}$$

按照含水率进行加权平均，可分别建立未饱和油藏在 $p_{wf} \geqslant p_b$ 和 $p_{wf} < p_b$ 时的水平井油气水三相流入动态方程，并获得相应的采液指数方程，二者也只能通过编程迭代求解。

2）饱和油藏

饱和油藏的初始压力小于泡点压力，油井一开井生产后，井筒附近地层就开始脱气，出现油气两相流动。若考虑油井产水，还可能出现油气水三相流动。

(1) 油气两相流。

此时，仍然可利用修正的 Cheng 方程来确定该饱和油藏的拟稳态产能方程，但注意当 $p_{wf} = p_b$ 时，油井产量为 $Q_b = 0$，而不是 $Q_b = J\,(\bar{p}_R - p_b)$。

在式 (8-82) 中用 $\bar{p}_R$ 代替 p_b，为简化方程，令：

$$R'_{cb} = \frac{\bar{p}_R - p_{wf}}{\dfrac{\bar{p}_R}{2.3652}\left[1 - 0.0005\dfrac{p_{wf}}{\bar{p}_R} - 0.6338\left(\dfrac{p_{wf}}{\bar{p}_R}\right)^2 - 0.3657\left(\dfrac{p_{wf}}{\bar{p}_R}\right)^3\right]} \tag{8-86}$$

可以得到饱和油藏中考虑裂缝闭合和地层压力水平，发生油气两相流动时的水平井流入动态方程：

$$\bar{p}_R - p_{wf} = -\frac{1}{\alpha_1}\ln\left[1 - \frac{\alpha_1 \mu B Q_h R'_{cb}}{2\pi k_{10}h\mathrm{e}^{-\alpha_1(p_0-\bar{p}_R)}}\left(\ln\frac{r_e}{r_f} - \frac{3}{4}\right)\right] +$$

$$\frac{1}{\alpha_2}\ln\left[1 + \frac{\alpha_2 \mu B Q_h R'_{cb}}{2\pi k_{20}h\mathrm{e}^{-\alpha_2(p_0-p_{wf})} + \dfrac{\alpha_2 \mu B h Q_h R'_{cb}}{2L}\left(\ln\dfrac{h/2\pi}{r_w} - \dfrac{1}{2}\right)}\left(\ln\frac{r_f}{L/2} - \frac{1}{2} + \frac{(L/2)^2}{2r_f^2}\right)\right] +$$

$$\frac{1}{\alpha_2}\ln\left[1 + \frac{\alpha_2 \mu B Q_h R'_{cb}}{2\pi k_{20}\mathrm{e}^{-\alpha_2(p_0-p_{wf})}(2L)}\left(\ln\frac{h/2\pi}{r_w} - \frac{1}{2}\right)\right] \tag{8-87}$$

式 (8-87) 也只能编程迭代求解，进而也能求得不同井底流压下的采油指数。

(2) 油气水三相流。

饱和油藏和未饱和油藏的水相产能方程均为式 (8-83)，而油相产能方程与式 (8-87) 相同。根据含水率对产量加权平均，可得饱和油藏考虑应力敏感性但裂缝不闭合、发生油气水三相流动时水平井的产液量方程和采液指数方程。

2. 裂缝闭合时水平井拟稳态产能对比

图 8-38 和图 8-39 分别为不同裂缝闭合条件下水平井的产液动态曲线和产液指数曲线。从图中可以看出，裂缝闭合对水平井的流入动态影响显著，使油井产能降低。裂缝闭合导致油井的产液（油）量和采液（油）指数均降低，使流入动态曲线向纵轴弯曲靠拢，

采液（油）指数曲线形状明显不同（由单调斜线变为曲线，出现明显的拐点），同时达到最大产油能力所需的井底压差增加。

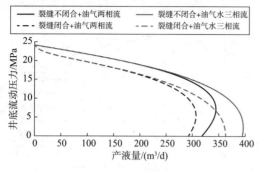

图 8 - 38　不同裂缝闭合条件下水平井的产液动态预测结果对比

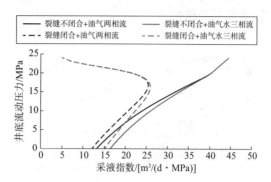

图 8 - 39　不同裂缝闭合条件下水平井的产液指数预测结果对比

3. 流入动态特征和影响因素分析

这里重点讨论裂缝闭合半径和内外区应力敏感性对裂缝闭合时水平井流入动态的影响。

1）裂缝闭合半径

图 8 - 40 和图 8 - 41 分别为裂缝闭合时水平井在不同裂缝闭合半径下的流入动态曲线和采油指数曲线。相比于直井，闭合半径对水平井流入动态影响较弱，与产油能力弱负相关。随着闭合半径增加，水平井产能稍有降低，达到最大产油能力所需的井底压差也变化不大，采油指数曲线出现拐点，拐点前后曲线前稀后密。

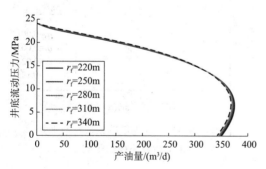

图 8 - 40　裂缝闭合半径对水平井流入动态曲线的影响

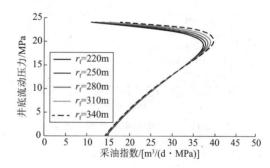

图 8 - 41　裂缝闭合半径对直井采油指数曲线的影响

2）内区应力敏感性

图 8 - 42 和图 8 - 43 分别为裂缝闭合时水平井在不同内区应力敏感性下的产油动态和采油指数曲线。从图中可以看出，内区应力敏感性对水平井流入动态的影响十分显著，与产油能力负相关。随着内区应力敏感性增强，相同井底流压下的水平井产能明显降低，流入动态曲线和采油指数曲线均向纵轴弯曲靠拢，达到最大产油能力所需的井底压差减小，

图中表现为拐点向左上侧迁移。同时，当井底流压降低时，采油指数曲线也出现拐点：拐点之前，内区应力敏感性越强，采油指数下降越慢；拐点之后，内区应力敏感性越强，采油指数下降越快。

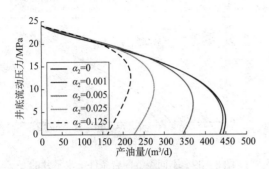

图 8-42　内区应力敏感系数对水平井
流入动态曲线的影响

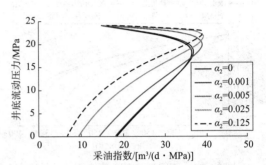

图 8-43　内区应力敏感系数对水平井
采油指数曲线的影响

3) 外区应力敏感性

图 8-44 和图 8-45 分别为裂缝闭合时水平井在不同外区应力敏感性下的流入动态和采油指数曲线。从图中可以看出，与直井相似，外区应力敏感性对水平井流入动态曲线和采油指数曲线基本没有影响。其原因解释与裂缝闭合油藏中的直井情形相同：油井产能主要取决于内区的渗流能力，强应力敏感性的外区仍然能保证其对内区的供液能力。因此，内区应力敏感性对产能影响显著，而外区应力敏感性对产能影响却不大。

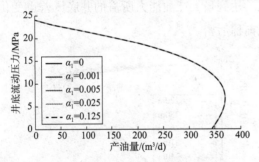

图 8-44　外区应力敏感系数对水平井
流入动态曲线的影响

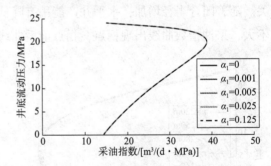

图 8-45　外区应力敏感系数对水平井
采油指数曲线的影响

8.4　油井拟稳态产能评价方程的应用

前两节针对低压力保持水平下裂缝孔隙型碳酸盐岩油藏出现的应力敏感性和裂缝闭合等问题，综合考虑应力敏感性、地层压力变化和油气水多相流等因素，分裂缝闭合和裂缝不闭合两种情形，推导出具有实用价值的直井和水平井的拟稳态产能方程。所建立的产能评价方程考虑因素更系统全面，更符合现场实际情况，适用范围更广（表8-1）。利用产能评价方程绘制油井流入动态曲线，可为优化类似油藏中油井生产制度提供评价依据。

表8-1 拟稳态产能方程适用模型情况

井型	直井/水平井					
应力敏感特征	无应力敏感性		有应力敏感性			
			裂缝不闭合		裂缝闭合	
油藏饱和类型	未饱和油藏	纯油流	未饱和油藏	纯油流	未饱和油藏	纯油流
		油气两相流		油气两相流		油气两相流
		油气水三相流		油气水三相流		油气水三相流
	饱和油藏	油气两相流	饱和油藏	油气两相流	饱和油藏	油气两相流
		油气水三相流		油气水三相流		油气水三相流

NT油田的地层压力保持水平低，地层压力在生产过程中持续下降，油井的合理井底流压也将持续改变。以507井为例，根据不同地层压力水平下的流入动态曲线，可计算出不同地层压力水平下的合理井底流压：当地层平均压力为20.66MPa时（2010年7月），合理井底流压为14MPa；当地层平均压力为10.69MPa时（2013年9月），合理井底流压为5MPa（图8-46）。

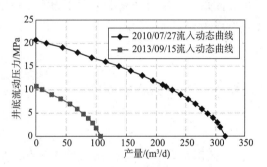

图8-46 507井在不同地层压力保持水平下的流入动态曲线

需要指出的是，受推导过程中积分问题的限制，上面的产能评价方程未能将地层压力下降过程中原油黏度和体积系数的变化考虑进去，造成产能评价结果可能存在一定的误差。但是，在注水恢复地层压力的过程中，原油的黏度和体积系数变化不大，因此上面的产能评价方程在注水恢复地层压力过程中是适用的。

9 低压力保持水平下注水恢复压力技术政策

根据低压力保持水平下裂缝孔隙型碳酸盐岩油藏注水开发思路，地层压力恢复水平并非越高越好。因此，需要结合油藏地质特征和开发现状进行充分论证。本章选取 NT 油田典型井组，考虑不同的应力敏感程度，设计对比方案，通过数值模拟分别论证合理的采油速度、注采比、压力恢复水平和压力恢复速度等技术参数，建立一套低压力保持水平下注水恢复压力技术政策图版。

9.1 典型研究井组

NT 油田于 2012 年 6 月正式投入开发，2013 年 4 月开始实施注水。基础开发方案将油层分为 KT-Ⅰ 和 KT-Ⅱ 两套独立的开发层系，KT-Ⅰ 层采用 700m 井距反九点井网进行面积注水，KT-Ⅱ 层采用 500m 井距反九点井网进行面积注水加屏障注水。该油田目前正处于向五点井网转换和加密的阶段。

9.1.1 典型井组选取

选取 CT-11 井组作为油田的典型井组。该井组位于油田西北角，是 KT-Ⅰ 层的主力开发井组，初期为典型的反九点井网，后期通过角井转注形成目前的五点井网。将 CT-11 井组的地质模型数据导入油藏数值模拟软件 Eclipse 中，建立裂缝孔隙型碳酸盐岩油藏数值模拟模型（图 9-1）。

9.1.2 井组模型建立和生产历史拟合

采用双孔双渗模型，基质系统和裂缝系统的典型相渗曲线如图 9-2 所示。该油藏数值模拟模型的网格数为：$42 \times 42 \times 72$ 个，地质储量为 486×10^{10} t，初始地层平均压力为 24.1MPa。

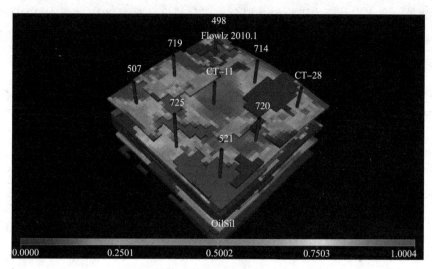

图 9 – 1　CT – 11 井组油藏数值模拟模型

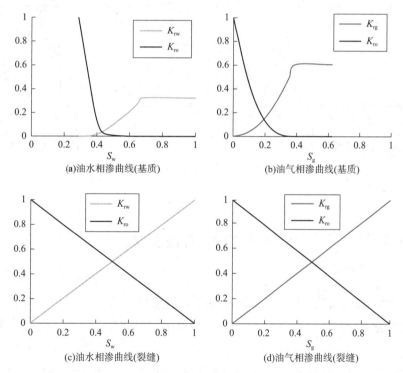

图 9 – 2　CT – 11 井组裂缝孔隙型储层的典型相对渗透率曲线

　　结合 CT – 11 井组的生产数据，对井组开展历史拟合。主要拟合指标为井组年产油量、年产气量、综合含水率、地层压力以及单井的日产油量、含水率、气油比、井底压力等指标。拟合时间为 2009 年 1 月到 2018 年 6 月，拟合的时间步长为 1 个月。具体步骤是首先对井组储层整体指标，即地质储量、产油量、压力、含水率等指标进行整体拟合，然后对单井的产油量、含水率及压力进行单井拟合。拟合截止日期为 2018 年 6 月 30 日。历史拟合结果：日产油为 92m³/d；生产气油比为 856m³/m³；含水率为 24.6%；地层压力为 11.6MPa；地层压力保持水平为 48%（图 9 - 3）。

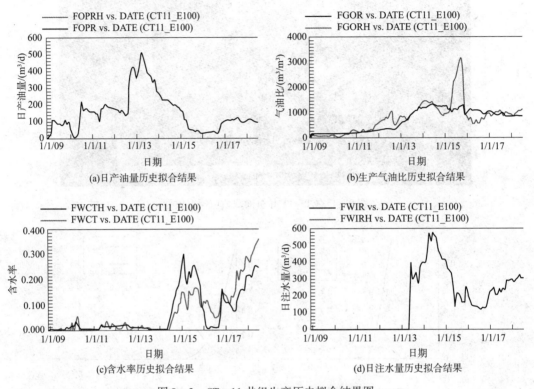

图 9 - 3　CT - 11 井组生产历史拟合结果图

9.2　裂缝孔隙型储层应力敏感性引入

利用 ROCKTAB 关键字引入储层岩石的应力敏感性。结合第三章定义的应力敏感程度，取最大渗透率损害率分别为 15%、50% 和 85%，对应于弱、中等和强三种应力敏感程度。

根据指数形式应力敏感系数与渗透率损害率的关系式 [式（7 - 26）]，结合 CT - 11 井组的初始地层压力，可得到在这三种应力敏感程度下，基质系统和裂缝系统的孔隙度敏感性系数和渗透率敏感性系数（表 9 - 1）。

表 9 - 1　不同应力敏感性程度下敏感性系数表

应力敏感性程度	最大渗透率损害率/%	敏感性系数 $\alpha(\phi_m)$	敏感性系数 $\alpha(k_m)$	敏感性系数 $\alpha(\phi_f)$	敏感性系数 $\alpha(k_f)$
弱	15	0.000432	0.003433	0.000774	0.006772
中等	50	0.000614	0.013846	0.001034	0.028881
强	85	0.000879	0.031433	0.001248	0.079047

考虑不同地层压力，可得到 ROCKTAB 关键字中所需要的不同地层压力下的相关乘子，具体见图 9 - 4。

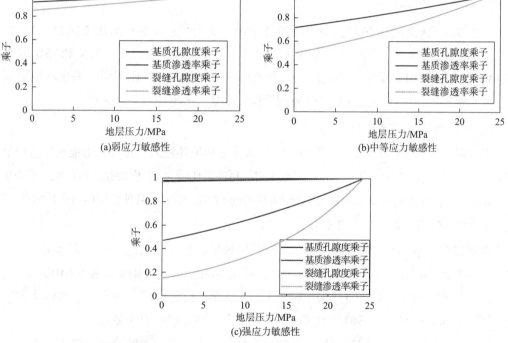

图 9 - 4　不同地层压力下 ROCKTAB 乘子

9.3　不同应力敏感性下注水恢复压力技术政策的论证

以注水恢复地层压力为核心，针对弱、中等和强三种应力敏感程度的储层，依次论证 CT - 11 井组的合理采油速度、合理注采比、合理地层压力恢复水平和合理地层压力恢复速度等注水恢复压力技术参数。

9.3.1 论证方案的思路和设计

以弱应力敏感程度的井组模型为例，采油速度、注采比、地层压力恢复水平和地层压力恢复速度等主要技术参数的论证顺序和思路如下所述：

1. 确定合理采油速度

取井组采油速度依次为 0.5%、0.7%、0.9%、1.1%、1.3% 和 1.5%，控制初期注采比为 1.2 进行生产。当地层压力恢复到 50%、55%、60%、65%、70% 和 75% 的水平时，将注采比转为 1，保持在当前地层压力水平下继续生产。对比不同采油速度和地层压力恢复水平下的井组采收率，确定出每种地层压力恢复水平下的合理采油速度。

2. 确定合理注采比

井组以对应地层压力恢复水平下的最佳采油速度生产，控制注采比依次为 1.1、1.2、1.3、1.4、1.5 和 1.6。当地层压力恢复到 50%、55%、60%、65%、70% 和 75% 的水平时，将注采比转为 1，保持在当前地层压力水平下继续生产。对比不同注采比和地层压力恢复水平下的井组采收率，确定出每种地层压力恢复水平下的合理注采比。

3. 确定合理地层压力恢复水平

井组以对应地层压力恢复水平下的最佳采油速度和最佳注采比生产。当地层压力恢复到 50%、55%、60%、65%、70% 和 75% 的水平时，将注采比转为 1，保持在当前的地层压力水平下继续生产。对比不同地层压力恢复水平下的井组采收率，确定出合理地层压力恢复水平。

4. 确定合理地层压力恢复速度

井组以对应地层压力恢复水平下的最佳采油速度和最佳注采比生产，取地层压力恢复速度分别为 0.5MPa/a、0.6MPa/a、0.7MPa/a、0.8MPa/a、0.9MPa/a 和 1.0MPa/a。当地层压力恢复到最佳水平时，将注采比转为 1，保持在当前的地层压力水平下继续生产。对比不同地层压力恢复速度下的井组采收率，确定出合理地层压力恢复速度。

以上关于弱应力敏感程度井组模型的注水恢复压力技术政策的论证思路可以推广到中等和强两种应力敏感程度情形中去，进而得到其他两种应力敏感程度下的合理注水恢复压力技术政策。

除上述基本的井组控制条件外，模拟过程中还设定了以下单井关井控制条件：单井产油量小于 $3m^3/d$，单井含水率大于 98%，单井气油比大于 $2000m^3/m^3$，井底流压小于 5MPa。数值模拟时间为 30 年。

9.3.2 注水恢复压力技术政策论证

1. 合理采油速度

图 9-5~图 9-7 分别为弱、中等和强三种应力敏感程度下采油速度与采收率的关系

图版。对于这三种应力敏感程度情形，随着采油速度的增大，采收率均表现为先增加后减小，说明注水恢复地层压力时存在最佳采油速度。其原因是：注采比固定，当采油速度较小时，注水量少，注入水沿裂缝突进不显著；当采油速度较大时，注水量增加，注入水沿裂缝水窜突出，抑制原油流向井底。

对比三张图版，可得到以下的认识：①应力敏感性增强，采收率整体下降，表现为应力敏感性由弱到强变化时，图版中的曲线整体向下移动；②应力敏感性增强，合理采油速度的区间向左移动。弱应力敏感程度下的合理采油速度介于 0.9% ~ 1.1% 之间，中等应力敏感程度下的合理采油速度介于 0.8% ~ 1.0% 之间，强应力敏感程度下的合理采油速度介于 0.6% ~ 0.8% 之间。

整体上，应力敏感性越强，合理的采油速度越小。分析其原因是：应力敏感性越强，注水过程中闭合裂缝越容易开启，此时在注采比固定的情况下，如果采油速度越大，裂缝越容易发生水窜，其相应采收率越低。

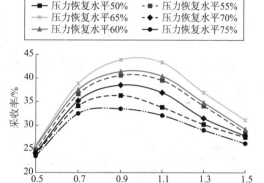

图 9 - 5 不同地层压力恢复水平下采油速度与采收率关系图版（弱应力敏感）

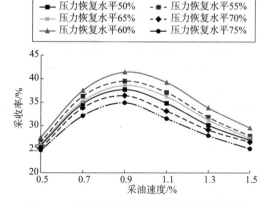

图 9 - 6 不同地层压力恢复水平下采油速度与采收率关系图版（中等应力敏感）

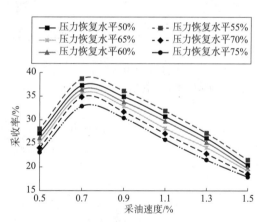

图 9 - 7 不同地层压力恢复水平下采油速度与采收率关系图版（强应力敏感）

2. 合理注采比

图 9 - 8 ~ 图 9 - 10 分别为弱、中等和强三种应力敏感程度下注采比与采收率的关系图版。对于这三种应力敏感程度情形，随着注采比增大，采收率均表现为先增加后减小，说明注水恢复地层压力时存在最佳注采比。其原因是：采油速度固定，当注采比较小时，注水量少，注入水沿裂缝突进不显著；当采油速度较大时，注水量增加，注入水沿裂缝水窜

突出。

对比关于注采比的三张图版，可得到以下的认识：①应力敏感性增强，采收率整体下降，表现为应力敏感性由弱到强变化时，图版中的曲线整体向下移动；②应力敏感性增强，合理注采比区间向左移动。弱应力敏感性下的合理注采比介于 1.25 ~ 1.35 之间，中等和强应力敏感性下的合理注采比均介于 1.15 ~ 1.25之间，但强应力敏感性下的合理注采比更小。整体上，应力敏感性越强，合理注采比越小。其原因同样是应力敏感性越强，闭合裂缝越易开启而发生水窜。

根据不同应力敏感程度下采油速度和注采比的合理区间，应力敏感性越强，合理的采油速度和注采比越小，主要是受注水过程中发生裂缝水窜的影响。对于应力敏感性较强的地层，宜慢注慢采以提高注水利用效率。

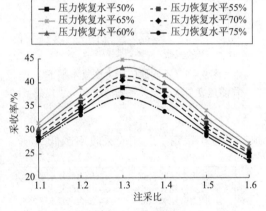

图 9-8　不同地层压力恢复水平下注采比
与采收率关系图版（弱应力敏感）

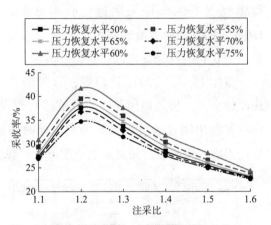

图 9-9　不同地层压力恢复水平下注采比
与采收率关系图版（中等应力敏感）

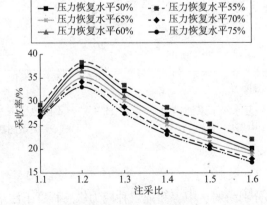

图 9-10　不同地层压力恢复水平下注采比与采收率
关系图版（强应力敏感性）

3. 合理地层压力恢复水平

图 9-11 为不同应力敏感程度下地层压力恢复水平与采收率的关系图版。在三种应力敏感程度下，随着地层压力恢复水平升高，采收率均先增加后减小，说明注水恢复地层压力时存在最佳地层压力恢复水平。从图中可以看出，应力敏感性越强，对应的最佳地层压力恢复水平越低。弱、中等和强三种应力敏感性下的合理压力恢复水平分别为 65%、60% 和 55%。其原因也是地层压力恢复水平越高，应力敏感性越强，其闭合裂缝越易开启而发生水窜，导致相应采收率越低。

4. 合理地层压力恢复速度

图 9-12 为不同应力敏感程度下地层压力恢复速度与采收率的关系图版。在三种应力敏感程度情形下，随着地层压力恢复速度升高，采收率均先增加后减小，说明注水恢复地层压力时存在最佳压力恢复速度。从图中可看出应力敏感性越强，对应的最佳地层压力恢复速度越低。弱、中等和强三种应力敏感程度下的合理压力恢复速度分别为 0.9MPa/a、0.7MPa/a 和 0.6MPa/a。这同样是因为地层压力恢复速度越快，地层应力敏感性越强，闭合裂缝越容易开启而发生水窜。

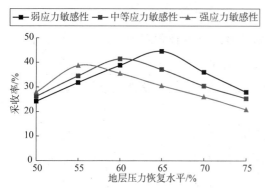

图 9-11　不同应力敏感程度下地层压力
恢复水平与采收率关系图版

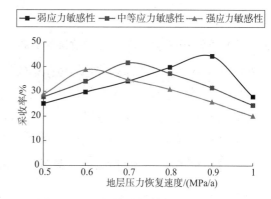

图 9-12　不同应力敏感程度下地层压力
恢复速度与采收率关系图版

10　NT 油田注水综合治理方法

NT 油田的地层压力保持水平低，注水过程中暴露出"气窜"和"水窜"的难题。注水恢复地层压力和注水综合治理相结合才是解决油田所面临难题的根本途径，对改善 NT 油田注水开发效果具有重要意义。前者侧重于改善"气窜"并兼顾"水窜"，后者侧重于解决"水窜"并兼顾"气窜"。本章重点围绕注水综合治理方法开展研究，为改善注水开发效果提供参考。

10.1　综合治理原则和方向

根据油田开发形势与开发效果的分析，结合油田注水开发技术政策，开展注水综合治理以改善油田注水开发效果。油田注水综合治理的原则和方向如下：

（1）尽快注够水、减缓地层压力降落是扭转开发现状的核心。优选地层亏空较大的井区，优先实行转注，减缓地层压力下降速度。

（2）井网转换和井网加密是提高储量动用程度的主要方式。

（3）精细注水、分层改造、调剖堵水和周期注水是改善注水开发效果的重要手段。

10.2　油田注水综合治理方法

10.2.1　井网转换与井网加密

NT 油田生产初期的基础开发井网：KT－Ⅰ层为 700m 井距反九点井网面积注水，KT－Ⅱ层为 500m 井距反九点井网面积注水加屏障注水。考虑到油田现有井网和井距情况，井网转换和井网加密作为提高储量动用程度的重要手段，在 NT 油田具有较大的发挥空间。

对于 KT－Ⅰ层，以 700m 井距反九点井网作为基准方案，设计三种井网转换和加密的方案进行对比，分别是：700m 井距五点井网、500m 井距反九点井网和 500m 井距五点井网（图 10－1）。数值模拟结果表明：五点井网的水驱波及范围更广（图 10－2），并且注水突进和前期含水上升更慢，合同期末的采出程度比基础反九点井网高 1.9% ~ 6.3%（图 10 - 3、图 10 - 4）。根据四种方案的对比与优化，建议对 KT - I 层实施局部加密，将 700m 井距的反九点井网转变为 700m + 500m 井距的五点井网。

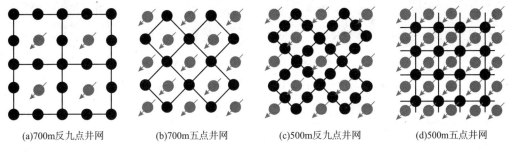

(a)700m反九点井网　　(b)700m五点井网　　(c)500m反九点井网　　(d)500m五点井网

图 10 - 1　KT - I 层注采井网转换和加密方案示意图

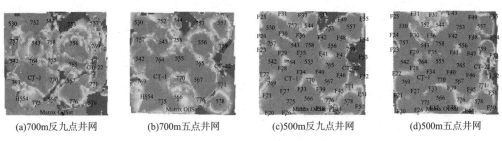

(a)700m反九点井网　　(b)700m五点井网　　(c)500m反九点井网　　(d)500m五点井网

图 10 - 2　KT - I 层不同井网井距下合同期末剩余油分布图

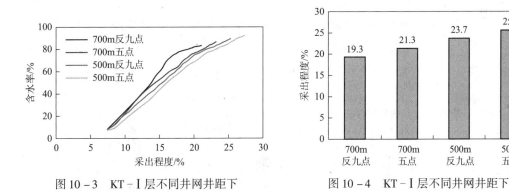

图 10 - 3　KT - I 层不同井网井距下
含水率与采出程度关系曲线

图 10 - 4　KT - I 层不同井网井距下
合同期末的采出程度

对于 KT - II 层，以 500m 井距反九点井网作为基准方案，设计三种对比方案，分别是：500m 井距五点井网、350m 井距反九点井网和 350m 井距五点井网，各方案的井网示意图与图 10 - 1 相同，只是井距不同。数值模拟同样表明，五点井网的水驱波及范围更广（图 10 - 5），更有利于控制注水突进（图 10 - 6）。KT - II 层在不同井网井距下合同期末的采出程度比基础井网高 1.4% ~ 7.2%（图 10 - 7）。根据四种方案的对比与优化，建议将 KT - II 层 500m 井距的反九点井网转变为 500m 井距的五点井网。

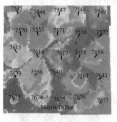 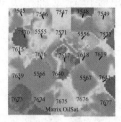 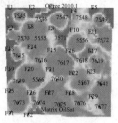 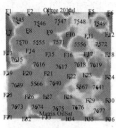

(a)500m反九点井网 (b)500m五点井网 (c)350m反九点井网 (d)350m五点井网

图 10-5 KT-Ⅱ层不同井网井距下合同期末剩余油分布图

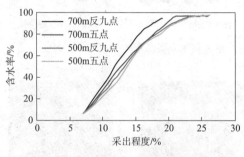 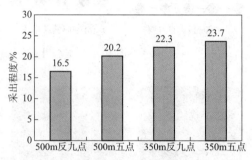

图 10-6 KT-Ⅱ层不同井网井距下
含水率与采出程度关系曲线

图 10-7 KT-Ⅱ层不同井网井距下
合同期末的采出程度

10.2.2 精细注水与分层改造

（1）根据个别注水井的吸水剖面，可以看出注水井在纵向上的吸水能力差异很大，比如 CT-11 井和 CT-35 井，A 层吸水能力强，而 Б 层不吸水（图 10-8）。因此，应尽早实施精细分层注水，并加强分注前后吸水剖面测试，为规模实施提供依据。

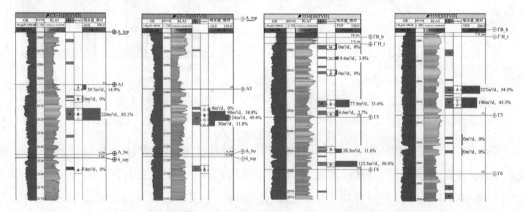

图 10-8 CT-11 井、CT-35 井、5534 井和 5555 井的吸水剖面图

（2）对于厚度相对较薄的储层以及边部物性相对较差的单井，采油井的产液能力和注水井的吸水能力均较弱（图 10-9），应加强分层改造，增强产液和吸水的能力，提高纵

向上薄且差的储层的储量动用程度。

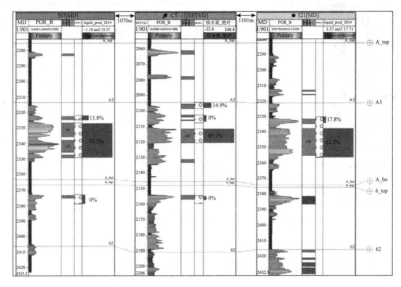

图10-9 CT-11注水井组产液和吸水剖面图

（3）部分井组的注采关系不对应，比如5545井组（图10-10），可开展补孔完善注采关系。

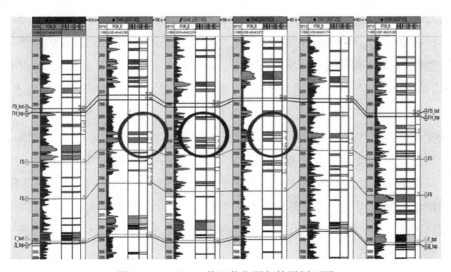

图10-10 5545井组井位图与储层剖面图

（4）部分井组的注采关系不对应，需要及时酸化或酸压来完善注采关系，比如CT-16井酸压前各层的产液能力都很弱，酸压后各层的产液能力均有所改善，产油明显增加（图10-11）。

总体上，加强精细注水和分层改造的力度，可优化注采对应关系，提高注水利用率，改善注水开发效果。

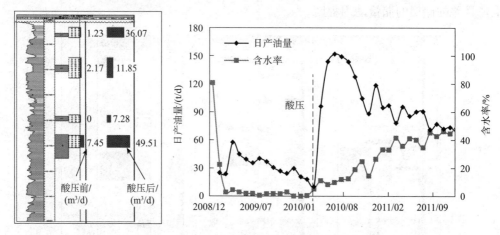

图 10 – 11　CT – 16 井酸压前后的产液剖面对比

10.2.3　调剖堵水与周期注水

调剖堵水和周期注水是治理裂缝水窜的重要方法。因此，有必要在 NT 油田开展调剖堵水和周期注水的先导性试验，增强油田注水的有效性。

以封堵油水井周围裂缝与大孔道为基础，设计四组调剖堵水方案，进行数值模拟，研究调剖堵水的效果。对比方案分别为：①保持现状开发；②封堵油水水井周围 50m 的裂缝与大孔道；③封堵油水井周围 100m 的裂缝与大孔道；④封堵油水井周围 200m 的裂缝与大孔道。模拟结果表明，相对于保持现状开发，封堵油水井周围的裂缝与大孔道可提高采收率 3.2% ~ 3.9%（图 10 – 12）。对于具有一定储量基础、非均质性强、裂缝水窜严重、注入水推进不均匀的区域，可结合油水井产液和吸水剖面的分析情况进行调剖堵水先导性试验。

以改变间注周期为基础，设计四组周期注水方案，进行数值模拟，分析周期注水的效果，优化周期注水的技术参数。对比方案分别为：①保持现状开发；②间注周期为 1 个月；③间注周期为 2 个月；④间注周期为 3 个月。模拟结果表明，相对于保持现状开发，控制周期注水的间注周期，可提高采收率 2.7% ~ 4.1%（图 10 – 13）。对于具有一定储量基础、裂缝发育、油井普遍见水、含水率高的区域，可开展周期注水先导性试验。

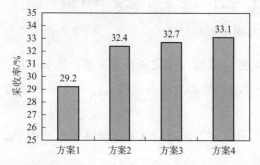

图 10 – 12　调剖注水各方案的采收率对比

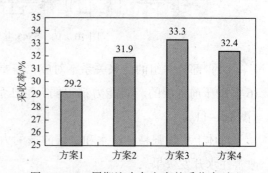

图 10 – 13　周期注水各方案的采收率对比

10.3 注水综合治理应用效果

按照"恢复+治理"的策略，NT油田在整体上采用低压力保持水平下注水恢复地层压力的方法，并采取一系列的注水综合治理措施，包括井网转换、井网加密、精细注水、分层改造、调剖堵水和周期注水，使其储量控制程度提高，地层压力下降减缓，注水开发效果显著改善。

生产统计表明，NT油田的水驱储量控制程度由2015年的20%提高至2017年的40%（图10-14）；KT-Ⅰ层和KT-Ⅱ层的地层压力水平分别由52.3%和46.3%回升至60.7%和55.5%（图10-15）；油田的生产规模由2016年的81.8×10⁴t回升至2017年的84.5×10⁴t（图10-16）。

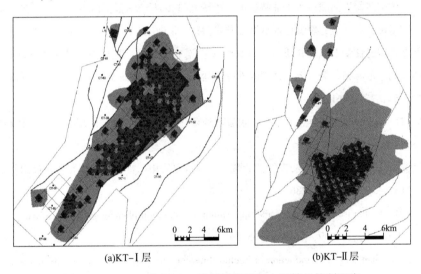

(a)KT-Ⅰ层　　　　　　　　(b)KT-Ⅱ层

图10-14　KT-Ⅰ与KT-Ⅱ层的井网及水驱储量控制程度

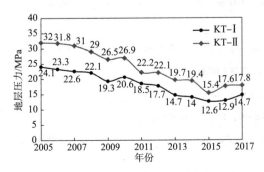

图10-15　NT油田历年地层压力变化图

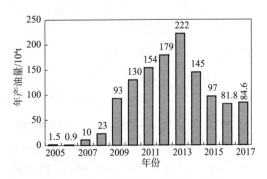

图10-16　NT油田历年产量变化图

参考文献

[1]赵文智，沈安江，胡素云，等. 中国碳酸盐岩储集层大型化发育的地质条件与分布特征[J]. 石油勘探与开发，2012，39(01)：1-12.

[2]何伶，赵伦，李建新，等. 碳酸盐岩储集层复杂孔渗关系及影响因素——以滨里海盆地台地相为例[J]. 石油勘探与开发，2014，41(02)：206-214.

[3]Brownscombe E R，Dyes A B. Water-imbibition displacement-can it release reluctant Spraberry oil[J]. Oil & Gas Journal，1952，50(48)：264-265.

[4]柏松章，唐飞. 裂缝性潜山基岩油藏开发模式[M]. 北京：石油工业出版社，1997.

[5]赵树栋. 任丘碳酸盐岩油藏[M]. 北京：石油工业出版社，1997.

[6]黄代国. 冀中碳酸盐岩油藏注水采油特性的实验研究[J]. 石油学报，1983，4(1)：55-64.

[7]袁士义，宋新民，冉启全. 裂缝性油藏开发技术[M]. 北京：石油工业出版社，2004.

[8]韩东. 低渗透裂缝性变形双重介质油藏数值模拟研究[D]. 北京：中国石油勘探开发研究院，2003.

[9]宋珩，傅秀娟，范海亮，等. 带气顶裂缝性碳酸盐岩油藏开发特征及技术政策[J]. 石油勘探与开发，2009，36(06)：756-761.

[10]谭承军，杜玉山，郑舰. 对塔河A区碳酸盐岩油藏注水开发试验的几点思考[J]. 新疆地质，2005(01)：92-93.

[11]赵文琪，赵伦，王晓冬，等. 弱挥发性碳酸盐岩油藏原油相态特征及注水开发对策[J]. 石油勘探与开发，2016，43(02)：281-286.

[12]Graham J M，Richardson J C. Theory and application of imbibition phenomena in oil recovery[J]. Journal of Petroleum Technology，1959，11(02)：65-69.

[13]Relemen S. Mechanism of oil production in fracture limestone reservoirs[C]. Bergbankongress，1960，(4)：31.

[14]Perotti G，Van Goldfraeht T，Galfetti D. Predicting fractured water drive reservoirs performance[J]. Pet. Mgmt.，1963，35(1)：88.

[15]Higgins R V，Leighton A J. A computer method of calculating two-phase flow in any irregularly bounded porous media[J]. Journal of Petroleum Technology，1962：679-683.

[16]Kazemi H，Merrill Jr L S，Porterfield K L，et al. Numerical simulation of water-oil flow in naturally fractured reservoirs[J]. Society of Petroleum Engineers Journal，1976，16(06)：317-326.

[17]Kazemi H，Merrill L S. Numerical simulation of water imbibition in fractured cores[J]. Society of Petroleum Engineers Journal，1979，19(03)：175-182.

[18]Thomas L K，Dixon T N，Pierson R G. Fractured reservoir simulation[J]. Society of Petroleum Engineers Journal，1983，23(01)：42-54.

［19］陈钟祥，刘慈群．双重孔隙介质中二相驱替理论［J］．力学学报，1980，16(2)：109－119.

［20］桓冠仁．论双重介质中两相驱替机理［J］．石油勘探与开发，1982(1)：48－64.

［21］王瑞河．双重介质拟组分模型［J］．石油学报，1991，12(3)：83－92.

［22］尹定．全隐式三维三相裂缝黑油模型［J］．石油学报，1992，13(1)：61－68.

［23］杨胜来，李梅香，王立军，等．双重介质油藏基质动用程度及规律［J］．中国石油大学学报(自然科学版)，2011，35(1)：99－101.

［24］段永刚．应力敏感性油气藏的试井分析方法［J］．油气井测试，1996(01)：11－12.

［25］蒋官澄．裂缝性储层应力敏感性研究［J］．钻井液与完井液，1998(05)：13－15.

［26］宋付权，刘慈群．变形介质油藏试井分析方法［J］．油气井测试，1998(02)：1－5.

［27］王厉强．低渗透变形介质油藏流入动态关系及应用研究［D］．成都：成都理工大学，2008.

［28］李道品．低渗透油田高效开发决策论［M］．北京：石油工业出版社，2003.

［29］Jones F O. A laboratory study of the effects of confining pressure on fracture flow and storage capacity in carbonate rock［J］. Journal of Petroleum Technology, 1975, 1：21－27.

［30］Walsh J B. Effect of pore pressure and confining pressure on fracture permeability［J］. International Journal of Rock Mechanics, 1981, 18：429－435.

［31］张琰，崔迎春．砂砾性低渗气层压力敏感性的试验研究［J］．石油钻采工艺，1999(06)：1－6.

［32］储层敏感性流动实验评价方法．中华人民共和国石油天然气行业标准，SY/T 5358—2002［S］，北京：石油工业出版社，2002.

［33］兰林，康毅力，陈一健，等．储层应力敏感性评价实验方法与评价指标探讨［J］．钻井液与完井液，2005(03)：1－4.

［34］Samaniego V, Cinco L. Production rate decline in pressure-sensitive reservoirs［J］. Journal of Canadian Petroleum Technology, 1980, 19(03).

［35］Nur A, Yilmaz O. Pore pressure in fronts in fractured rock systems［J］. Dept. of Geophysics, Stanford U., Stanford, CA, 1985.

［36］Kikani J, Pedrosa Jr O A. Perturbation analysis of stress-sensitive reservoirs［J］. SPE Formation Evaluation, 1991, 6(03)：379－386.

［37］Raghavan R, Chin L Y. Productivity changes in reservoirs with stress-dependent permeability［C］. SPE 77535, 2002.

［38］Archer R A. Impact of stress sensitive permeability on production data analysis［C］. SPE 114166, 2008.

［39］Yao S, Zeng F, Liu H. A semi-analytical model for hydraulically fractured wells with stress-sensitive conductivities［C］. SPE 167230, 2013.

［40］Zhang Z, He S, Liu G, et al. Pressure buildup behavior of vertically fractured wells with stress-sensitive conductivity［J］. Journal of Petroleum Science and Engineering, 2014, 122：48－55.

［41］宋付权．变形介质低渗透油藏的产能分析［J］．特种油气藏，2002(04)：33－35.

［42］王玉英，王晓冬，王一飞，等．变形介质储层油井合理压差及产能分析［J］．大庆石油学院学报，

2005(04)：51－54.

［43］田冷，顾永华，何顺利. 低渗透油藏非线性渗流产能计算模型及参数敏感性分析［J］. 水动力学研究与进展 A 辑，2011，26(01)：108－115.

［44］Arps J J. Analysis of decline curves［J］. Trans. AIME，1945，160：228－247.

［45］翁文波. 预测理论基础［M］. 北京：石油工业出版社，1984.

［46］刘辉，郭睿，董俊昌，等. 伊朗南阿扎德甘油田 Sarvak 油藏产能评价及影响因素［J］. 石油勘探与开发，2013，40(05)：585－590.

［47］夏田. 潜山油藏产能评价研究［D］. 大庆：东北石油大学，2015.

［48］Fetkovich M J. Decline curve analysis using type curves［C］. SPE 4629，1980.

［49］Fetkovich M J，Fetkovich E J，Fetkovich M D. Useful concepts for decline curve forecasting，reserve estimation，and analysis［J］. SPE Reservoir Engineering，1996，11(01)：13－22.

［50］Blasingame T A，Johnston J L，Lee W J. Type-curve analysis using the pressure integral method［C］. SPE 18799，1989.

［51］Blasingame T A，McCray T L，Lee W J. Decline curve analysis for variable pressure drop/variable flowrate systems［C］. SPE 21513，1991.

［52］Palacio J C，Blasingame T A. Decline curve analysis using type curves-analysis of gas well production data［C］. SPE 25909，1993.

［53］Agarwal R G，Gardner D C，Kleinsteiber S W，et al. Analyzing well production data using combined type-curve and decline-curve analysis concepts［C］. SPE 57916，1999.

［54］Warren J E，Root P J. The behavior of naturally fractured reservoirs［J］. Society of Petroleum Engineers Journal，1963，3(03)：245－255.

［55］Kazemi H. Pressure transient analysis of naturally fractured reservoirs with uniform fracture distribution［J］. Society of petroleum engineers Journal，1969，9(04)：451－462.

［56］de Swaan O A. Analytic solutions for determining naturally fractured reservoir properties by well testing［J］. Society of Petroleum Engineers Journal，1976，16(03)：117－122.

［57］张琪. 采油工程原理与设计［M］. 东营：中国石油大学出版社，2006.

［58］Vogel J V. Inflow performance relationships for solution-gas drive wells［J］. Journal of Petroleum Technology，1968，20(01)：83－92.

［59］Standing M B. Concerning the calculation of inflow performance of wells producing from solution gas drive reservoirs［J］. Journal of Petroleum Technology，1971，23(09)：1－141.

［60］Fetkovich M J. The isochronal testing of oil wells［C］. SPE 4529，1973.

［61］Bendakhlia H，Aziz K. Inflow performance relationships for solution-gas drive horizontal wells［C］. SPE 19823，1989.

［62］Cheng A M. Inflow performance relationships for solution-gas-drive slanted/horizontal wells［C］. In SPE Annual Technical Conference and Exhibition，1990.

[63] Wiggins M L. Generalized inflow performance relationships for three-phase flow[C]. SPE 25458, 1993.

[64] K. E. 布朗. 升举法采油工艺(卷四)[M]. 北京：石油工业出版社，1990.

[65] 贾振歧. 关于沃格尔流动方程及其系数关系的推证[J]. 大庆石油学院学报，1986，(01)：31 – 38.

[66] 刘想平，蒋志祥，刘翔鹗，等. 溶解气驱油藏水平井 IPR 的数值模拟[J]. 石油学报，2000，(01)：60 – 63.

[67] 李晓平，关德，沈燕来. 水平气井的流入动态方程及其应用研究[J]. 中国海上油气地质，2002，(04)：33 – 36.

[68] 陈德春，海会荣，张仲平，等. 水平井油气水三相流入动态研究[J]. 油气地质与采收率，2006，(03)：50 – 52.

[69] 吴晓东，尚庆华，何世恩. 不完善油井的油气水三相流入动态关系[J]. 石油钻采工艺，2010，32(5)：61 – 63.

[70] 吴晓东，赵瑞东，尚庆华. 超完善井的油气水三相流入动态关系[J]. 油气井测试，2010，19(5)：30 – 32.

[71] 黄涛. TL15 区碳酸盐岩缝洞型油藏注水开发技术政策研究[D]. 青岛：中国石油大学(华东)，2014.

[72] 窦之林. 塔河油田碳酸盐岩缝洞型油藏开发技术[M]. 北京：石油工业出版社，2012.

[73] 范子菲，程林松，宋珩，等. 带气顶油藏油气同采条件下流体界面移动规律[J]. 石油勘探与开发，2015，42(05)：624 – 631.

[74] 吕政，李辉. 低渗透裂缝性油藏周期注水影响因素分析[J]. 内蒙古石油化工，2012，38(02)：27 – 32.

[75] 张晓，李小波，荣元帅，等. 缝洞型碳酸盐岩油藏周期注水驱油机理[J]. 复杂油气藏，2017，10(02)：38 – 42.

[76] 姜汉桥，姚军，姜瑞忠，等. 油藏工程原理与方法[M]. 山东：中国石油大学出版社，2006.

[77] 范乐宾，蒋利平，张海锋，等. 基于注采比的碳酸盐岩油藏周期注水效果评价方法[J]. 中国石油和化工标准与质量，2018，38(10)：98 – 99.

[78] 李肃，王佳乐. 塔河4区碳酸盐岩缝洞型油藏周期注水实践及认识[J]. 价值工程，2014，33(16)：316 – 317.

[79] 杨强. 塔河 6 – 7 区缝洞型碳酸盐岩油藏注水开发规律物理模拟研究[D]. 成都：西南石油大学，2016.

[80] 梁爽，王燕琨，金树堂，等. 滨里海盆地构造演化对油气的控制作用[J]. 石油实验地质，2013，35(02)：174 – 178.

[81] 刘东周，窦立荣，郝银全，等. 滨里海盆地东部盐下成藏主控因素及勘探思路[J]. 海相油气地质，2004，9(z1)：53 – 58.

[82] 刘洛夫，朱毅秀，熊正祥，等. 滨里海盆地的岩相古地理特征及其演化[J]. 古地理学报，2003，5(03)：279 – 290.

[83]Pairazian V V. A review of the petroleum geochemistry of the Precaspian Basin[J]. Petroleum Geoscience, 1999, 5(4): 361 – 369.

[84]代寒松, 陈彬滔, 郝晋进, 等. 滨里海盆地东南缘石炭系 MKT 组"反向前积"构型的性质[J]. 石油与天然气地质, 2018, 39(06): 1246 – 1254.

[85]刘东周. 滨里海叠合含油气盆地地质特征及东部盐下成藏规律研究[D]. 北京: 中国地质大学(北京), 2006.

[86]王燕琨. 滨里海盆地东缘中区块成藏机制与勘探潜力[D]. 北京: 中国石油勘探开发研究院, 2013.

[87]刘洛夫, 郭永强, 朱毅秀. 滨里海盆地盐下层系的碳酸盐岩储集层与油气特征[J]. 西安石油大学学报(自然科学版), 2007, 22(01): 53 – 58.

[88]苏培东, 秦启荣, 袁云峰, 等. 红车断裂带火山岩储集层裂缝特征[J]. 新疆石油地质, 2011(5): 457 – 460.

[89]王秀娟, 庞彦明. 三肇地区扶、杨油层裂缝和地应力分布特征及对注水开发的影响[J]. 大庆石油地质与开发, 2000, 19(5): 9 – 12.

[90]吴颉衡. 缝洞型碳酸盐岩油藏气窜规律及流动机理研究[D]. 北京: 中国石油大学(北京), 2016.

[91]Whitson C H, Brulè M R. Phase Behavior、Doherty Memorial Fund of AIME[J], SPE Inc, 2000.

[92]Chueh P L, Prausnitz J M. Vapor-liquid equilibria at high pressures-calculation of partial molar volumes in non-polar liquid mixtures[J]. AIChE J. 1967, 13, 1099.

[93]王松汉. 石油化工设计手册(第一卷). 北京: 化学工业出版社, 2002.

[94]唐养吾. 挥发油油藏的研究与开采[J]. 油气田开发工程译丛, 1989, 5: 2 – 14.

[95]霍启华, 黄金山, 赵浩, 等. 焉耆盆地油气相态特征和油气藏类型判别研究[J]. 河南石油, 1999, 13(1): 28 – 32.

[96]陈元千. 相对渗透率曲线和毛管压力曲线的标准化方法[J]. 石油实验地质, 1990(01): 64 – 70.

[97]Craig F F Jr. The reservoir engineering aspects of waterflooding[J]. New York: Society of Petroleum Engineers of AIME, 1971: 112 – 114.

[98]陈钟祥, 刘慈群. 双重孔隙介质中二相驱替理论[J]. 力学学报, 1980, 16(2): 109 – 119.

[99]恒冠仁. 论双重介质中两相驱替机理[J]. 石油勘探与开发, 1982, (1): 48 – 64.

[100]覆压下岩石孔隙度和渗透率测定方法. 中华人民共和国石油天然气行业标准, SY/T 6385—1999[S], 北京: 石油工业出版社, 1999.

[101]程鸣, 傅雪海, 张苗, 等. 沁水盆地古县区块煤系"三气"储层覆压孔渗实验对比研究[J]. 天然气地球科学, 2018, 29(08): 1163 – 1171.

[102]Janna W S. Introduction to Fluid Mechanics[M]. CRC Press: Boca Raton, FL, USA, 2009.

[103]Jabbari H, Zeng Z, Ostadhassan M. Impact of in-situ stress change on fracture conductivity in naturally fractured reservoirs: Bakken case study[C]. In Proceedings of the 45th U. S. Rock Mechanics/Geomechanics Symposium, Paper No. ARMA – 11 – 239.

[104]Zhang J, Bai M, Roegiers J C, et al. Determining stress-dependent permeability in the laboratory[C]. In

Proceedings of the 37th U. S. Symposium on Rock Mechanics, Volume 37, pp. 341 – 347.

[105] McKee C R, Bumb A C, Koenig R A. Stress-dependent permeability and porosity of coal and other geologic formations[J]. SPE Formation Evaluation, 1988, 3, 81 – 91.

[106] Pedrosa O A. Pressure transient response in stress-sensitive formations[C]. In Proceedings of the SPE California Regional Meeting, Oakland, CA, USA, 2 – 4 April 1986; Paper No. 15115.

[107] He J H. Homotopy perturbation technique[J]. Computer Methods in Applied Mechanics Engineering, 1999, 178, 257 – 262.

[108] He J H. A coupling method of a homotopy technique and a perturbation technique for non-linear problems [J]. International Journal of Non-Linear Mechanics, 2000, 35, 37 – 43.

[109] 王晓冬. 渗流力学基础[M]. 北京：石油工业出版社，2006.

[110] Gringarten A C, Ramey H J Jr. The use of source and Green's functions in solving unsteady-flow problems in reservoirs[J]. Society of Petroleum Engineers Journal, 1973, 13, 285 – 296.

[111] Ozkan E. Performance of Horizontal Wells [D]. Ph. D. Thesis, Tulsa University, Tulsa, OK, USA, 1988.

[112] Ozkan E, Raghavan R, Joshi S D Horizontal well pressure analysis[C]. In Proceedings of the SPE California Regional Meeting, Ventura, CA, USA, 8 – 10 April 1987; Paper No. 16378.

[113] 孔祥言. 高等渗流力学[M]. 合肥：中国科学技术大学出版社，2010.

[114] Gringarten A C, Ramey H J Jr, Raghavan R. Unsteady-state pressure distributions created by a well with a single infinite-conductivity vertical fracture[J]. Society of Petroleum Engineers Journal, 1974, 14, 347 – 360.

[115] Clonts M D, Ramey H J Jr. Pressure-transient analysis for wells with horizontal drainholes[C]. In Proceedings of the SPE California Regional Meeting, Oakland, CA, USA, 2 – 4 April 1986; Paper No. 15116.

[116] Daviau F, Mouronval G, Bourdarot G, et al. Pressure analysis for horizontal wells[J]. SPE Formation Evaluation, 1988, 3, 716 – 724.

[117] Rosa A J, de Carvalho R S. A mathematical model for pressure evaluation in an infinite-conductivity horizontal well[J]. SPE Formation Evaluation, 1989, 4, 559 – 566.

[118] Kuchuk F J, Goode P A, Wilkinson D J, et al. Pressure-transient behavior of horizontal wells with and without gas cap or aquifer[J]. SPE Formation Evaluation, 1991, 6, 86 – 94.

[119] Van Everdingen A F. The skin effect and its influence on the productive capacity of a well[J]. Journal of Petroleum Technology, 1953, 5, 171 – 176.

[120] Stehfest H. Algorithm 368: Numerical inversion of Laplace transforms[J]. Commun. ACM 1970, 13, 47 – 49.

[121] de Carvalho R S, Rosa A J. Transient pressure behavior for horizontal wells in naturally fractured reservoir [C]. SPE 18302, 1988.

[122] Golf-Racht T D Van, 陈忠祥, 金玲年, 等. 裂缝油藏工程基础[M]. 北京：石油工业出版社，1989.

[123] Vogel J M. Inflow performance relationships for solution gas drive wells[J]. Journal of Petroleum Technology, 1968: 83 - 93.

[124] 张政, 程林松, 廉培庆, 等. 应力敏感油藏压裂直井分区模型[J]. 特种油气藏, 2010, 17(05): 77 - 80.

[125] Borisov J P. Oil production using horizontal and multiple deviation wells[J]. 1964.

[126] 孙大同, 田树宝. 不同井斜角油井修正 IPR 曲线研究[J]. 石油勘探与开发, 1999, 26(2): 53 - 55.